快与慢

一只蜜蜂

一只蜘蛛

蜜蜂代表了古人的一种品位，蜂巢稳定有序，是有理数的象征：确定和优雅。

蜘蛛象征了现代人的一种理性，蜘蛛网呈几何图形，是无理数的代表：不确定和不斯文。

蜜蜂筑巢，无论采集什么，都滋养了自己，但丝毫无损花朵的芳香、美丽和活力。

蜘蛛吐丝，无论形状怎样，都是织造粘网，为了猎杀他者……

“轻与重”文丛的2.0版

在宇宙中，

存在着三种活的存在者。

有全然永恒的活的存在者，

有全然有朽者，

还有在此二者之间者。

——彭波那齐

华东师范大学出版社六点分社　策划

快与慢
点点 主编

灵魂与自由意志

[意] 彭波那齐 瓦拉 费奇诺 著　陆浩斌 周琦 译

Pietro Pomponazzi
Lorenzo Valla
Marsilio Ficino

De anima et libero arbitrio

华东师范大学出版社
－上海－

缘　起

倪为国

1

继“轻与重”文丛，我们推出了2.0版的“快与慢”书系。

如果说，“轻与重”偏好“essai”的文体，尝试构筑一个“常识”的水库；书系Logo借用“蝴蝶和螃蟹”来标识，旨在传递一种悠远的隐喻，一种古典的情怀；“快与慢”书系则崇尚“logos”的言说，就像打一口“问题”的深井，更关注古今之变带来的古今之争、古今之辨；故，书系Logo假托“蜜蜂和蜘蛛”来暗合“快与慢”，隐喻古与今。如是说——

> 蜜蜂代表了古人的一种品位，蜂巢稳定有序，是有理数的象征：确定和优雅。
>
> 蜘蛛象征了现代人的一种理性，蜘蛛网

呈几何图形，是无理数的代表：不确定和不斯文。

蜜蜂筑巢，无论采集什么，都滋养了自己，但丝毫无损花朵的色彩、芳香和美丽。

蜘蛛吐丝，无论形状怎样，都是织造粘网，为了猎杀他者……

2

快与慢，是人赋予时间的一种意义。

时间只有用数学（字）来表现，才被赋予了存在的意义。人们正是借助时间的数学计量揭示万事万物背后的真或理，且以此诠释生命的意义、人生的价值。

慢者，才会“静”。静，表示古人沉思的生活，有节制，向往一种通透的高贵生活；快者，意味“动”，旨在传达现代人行动的生活，有欲望，追求一种自由的快乐生活。今日之快，意味着把时间作为填充题；今日之慢，则是把时间变为思考题。所以，快，并不代表进步，慢，也不表明落后。

当下，“快与慢”已然成为衡量今天这个时代所谓“进步”的一种常识：搜索，就成了一种新的习惯，新的生活方式——我们几乎每天都会重复做这件事情:搜索,再搜索……

搜索,不是阅读。搜索的本质,就是放弃思考,寻找答案。

一部人类的思想史,自然是提问者的历史,而不是众说纷纭的答案历史;今日提问者少,给答案人甚多,搜索答案的人则更多。

慢慢地,静静地阅读,也许是抵御或放弃“搜索”,重新学会思考的开始……

3

阅读,是一种自我教化的方式。

阅读意义的呈现,不是读书本身,而是取决于我们读什么样的书。倘若我们的阅读,仅仅为了获取知识,那就犹如乞丐渴望获得金钱或食物一般,因为知识的多少,与善恶无关,与德性无关,与高贵无关。今天高谈“读什么”,犹如在节食减肥的人面前讨论饥饿一样,又显得过于奢求。

书单,不是菜谱。

读书,自然不仅仅是为了谋食,谋职,谋官,更重要的是谋道。

本书系的旨趣,一句话:且慢勿快。慢,意味着我们拒绝任何形式对知识汲取的极简或图说,避免我们的阅读碎片化;慢,意味着我们关注问题,而不是选择答案;慢,意味着我们要回到古典,重新出发,凭靠古传经典,摆脱中与西的纠葛,远离左与右的缠斗,跳出激进与保守的对峙,去除进步与落后的观念。

从这个意义上说,我们遴选或开出的书单,不迎合大众的口味,也不顾及大众的兴趣。因为读书人的斯文“预设了某些言辞及举止的修养,要求我们的自然激情得以管束,具备有所执守且宽宏大量的平民所激赏的一种情操”(C. S. 路易斯语)。因为所谓“文明”(civilized)的内核是斯文(civil)。

4

真正的阅读,也许就是向一个伟人,一部伟大作品致敬。

> 生活与伟大作品之间/存在古老的敌意(里尔克诗)。

这种敌意,源自那个“启蒙”,而今世俗权力和奢华物质已经败坏了这个词,或者说,启蒙运动成就了这种敌意。“知识越多越反动”恰似这种古老敌意的显白脚注。在智能化信息化时代的今日，这种古老的敌意正日趋浓烈，甚至扑面而来，而能感受、理解且正视这种敌意带来的张力和紧张的，永远是少数人。编辑的天职也许就在于发现、成就这些“少数人”。

快，是绝大多数人的自由作为；慢，则是少数人的自觉理想。

著书，是个慢活，有十年磨一剑之说；读书，理当也是个细活，有十年如一日之喻。

是为序。

目　录

彭波那齐《论灵魂不朽》导言

　　约翰·赫尔曼·小兰德尔……………………（1）

论灵魂不朽　彭波那齐 ……………………（38）

瓦拉《关于自由意志的对话》导言

　　小查尔斯·爱德华·特林考斯…………（194）

关于自由意志的对话　瓦　拉…………………（206）

费奇诺《关于心灵的五个问题》导言

　　约瑟芬·L.巴勒斯 ………………………（247）

关于心灵的五个问题　费奇诺…………………（258）

译后记:意大利文艺复兴哲学家的三种面相

　　陆浩斌、周琦 ………………………………（286）

人名对照表……………………………………………（296）

彭波那齐《论灵魂不朽》导言[①]

约翰·赫尔曼·小兰德尔[②](John Herman Randall. Jr.)

曼图亚的彼得罗·彭波那齐(Pietro Pomponazzi of Mantua,1462—1525年)是意大利亚里士多德主义者,他继承了意大利大学的伟大传统,反对阿威罗伊主义(Averroism)的统治地位,并将强调个体灵魂的尊严与价值的新人文主义引入学术传统之中。他与费奇诺(Ficino)及皮科(Pico)一同反对更旧传统的那种非个人的集体主义观点,并致力于与他们一起支持一种更为个人化的人性论观念。但是,当

① 译注:三篇论文的导言均译自 Ernst Cassirer, Paul Oskar Kristeller and John Herman Randall, Jr. ed., *The Renaissance Philosophy of Man: Selections in Translation*. Chicago: University of Chicago Press,1948。

② 译注:约翰·赫尔曼·小兰德尔(1899—1980年),美国自然主义哲学家,侧重于从自然主义观点研究文化史、思想史,因此,他的观点获得了"历史的自然主义"称号。小兰德尔著述甚丰,如1960年出版的《亚里士多德》,从自然主义观点解释亚里士多德形而上学,深受亚里士多德实体观念影响;1968年出版的3卷本《哲学的历程》(*The Career of Philosophy*),叙述了从中世纪到达尔文时期的哲学史;1970年出版的《柏拉图:理性生活的剧作家》为其最后一部著作。

柏拉图主义者们通过在自由中抬高个体灵魂的尊严以使其高于自然本质时，彭波那齐却使得灵魂更像是一个在秩序井然的宇宙中自然而然的常住居民。

要想理解彭波那齐的成就，尤其是想要理解他为自身立场辩护时所采用的技术性论证的话，就必须了解一点他正在其中催生一场革命的意大利亚里士多德主义的漫长传统。① 佛罗伦萨圈子和大多数人文主义

---

① 关于意大利的亚里士多德主义的历史，人们所知甚少，且写作寥寥，英语世界犹其如此。Guido de Ruggiero,《哲学史》(*Storia della filosofia*, Part III: *Rinascimento*, *riforma e controriforma*, 2 vols.; 2nd ed.; Bari, 1937)，导言，第三部分和第五章，可能是近期最好的记述。Ernst Cassirer, *Das Erkenntnisproblem* (3d ed.; Berlin, 1922), Part I, "Die Reform der Aristotelischen Psychologie", pp. 98—120，是最佳的哲学分析。R. Hönigswald, *Denker der italienischen Renaissance* (Basel, 1938), chaps. vi—viii，不算是太严重的错误。E. Garin,《文艺复兴的亚里士多德主义与柏拉图主义》(Aristotelismo e Platonismo del Rinascimento), *La Rinascita*, II (1939), 641—71，强调了文艺复兴理念对亚里士多德传统的影响。至于更早的研究，即 Francesco Fiorentino,《彼得罗·彭波那齐：16世纪博洛尼亚与帕多瓦的历史研究》(*Pietro Pomponazzi: Studi storici sulla scuola Bolognese e Padovana del secolo XVI*, Florence, 1868)，乃奠基之作。Pietro Ragnisco 的著作针对 Fiorentino 而为帕多瓦的重要性辩护。它们后来得到了更详细的引用。Ernest Renan 的 *Averroès et l'Averroïsme* (Paris, 1852) 肇始了整个的研究，不过其作品浅薄而具有高度选择性。E. Troilo,《阿威罗伊主义与帕多瓦亚里士多德主义》(*Averroismo e Aristotelismo padovano*, Padua, 1939) 是最近的作品，专注于帕多瓦亚里士多德主义的"现代"趋势。译注：此篇导言主体部分注释中的意大利文、拉丁文的篇名列出了汉译，英语、德语、法语的篇名未译。

者并非彼时的学界学者，而是一群怀揣着柏拉图主义激情而着眼于其他兴趣、文学、艺术或专业的人。文艺复兴时期各个大学有组织的精神生活仍旧效忠于亚里士多德传统。在大多数国家中，15 世纪的学校见证了早期哲学的教导与改良——斯多葛主义、奥卡姆主义(Ockhamism)和托马斯主义——罕有新义。但是，在意大利北部，在帕多瓦、博洛尼亚(Bologna)和帕维亚(Pavia)，以及多少也在锡耶纳(Siena)、比萨(Pisa)，还有在费拉拉(Ferrara)新兴的好大学里，亚里士多德主义依然是一种欣欣向荣的主要思想。13 世纪的巴黎、14 世纪的牛津与巴黎、15 世纪的帕多瓦都是中心：来自全欧的思想于此集中，并积累成一个有机知识主体。一系列杰出的教师——威尼斯的保罗(Paul of Venice，1429 年)、[①]蒂耶内的卡耶坦(Cajetan of Thiene，1465 年)，[②]以及尼克莱托·维尔尼亚(Nicolettus Vernias，1499 年)[③]——传播着那种知识，并促使其得以在

① 参见 Felice Momigliano，《威尼斯的保罗及其时代的宗教与哲学思潮》(*Paolo Veneto e le correnti del pensiero religioso e filosofico nel suo tempo*)Udine，1907。

② A. D. Sartori，《蒂耶内的卡耶坦、帕多瓦的阿威罗伊哲学家研究》(Gaetano de' Thiene，filosofo averroista nello Studio di Padova)，*Atti della Società italiana per il progresso delle scienze*，*Riunione* 26，Venice，1937，III (1938)，340—370。

③ Pietro Ragnisco，《尼克莱托·维尔尼亚：15 世纪下半叶的帕多瓦哲学史研究》(*Nicoletto Vernia*：*Studi storici sulla filosofia Padovana nella seconda metà del secolo XV*)，Venice，1891。

下个世纪与数学科学中的新兴趣喜结连理。

科学的帕多瓦同样地感受到了在15世纪(*quattrocento*)后半期激发的佛罗伦萨的那种人文主义冲动与学问的复兴。[1] 为了回应费奇诺的柏拉图主义的挑战,帕多瓦致力于证明亚里士多德也和柏拉图一样说希腊语。至于费奇诺攻击他们的传统阿威罗伊主义,连带着他的宿命论还有那最小化一切个人性与个体性的奇怪人性论,帕多瓦学者们的应答并非是接受他的柏拉图主义式的宗教现代主义,而是重新组织起他们自己的自然主义且科学化的思想,这种思想关于人及其命运的概念更为个人主义化。他们以一种接近亚里士多德自己的自然主义的亚里士多德式人文主义来反对佛罗伦萨的柏拉图式人文主义,并且在他们那突出的科学兴致上乐此不疲。在斯宾诺莎与18世纪牛顿主义者们之前,再也没有出现过任何人像彭波那齐和扎巴瑞拉(Zabarella)那样设法造就一个居间于人文主义与科学自然主义之间的如此"现代"的混合品了。

1497年,帕多瓦的人文学部向威尼斯的元老院请求一个以希腊语教授亚里士多德的教席。议会应允

---

① Pietro Ragnisco,《尼克莱托·维尔尼亚:15世纪下半叶的帕多瓦哲学史研究》,第一章:"帕多瓦的人文主义与阿威罗伊主义"(L'Umanesimo e l'averroismo padovano);Garin,《文艺复兴时期的亚里士多德主义与柏拉图主义》。

了，列奥尼库斯·托马乌斯(Leonicus Thomaeus)在他的本土伊庇鲁斯(Epirus)掌握了希腊语，被任用为第一个以他们自己的语言来阐述斯塔利亚人(Stagirite)亚里士多德及柏拉图的教授。[①] 这一事件不仅标志着数十年重新发现亚里士多德本人的努力的终结，还标志着旧式的拘泥的阿威罗伊主义的终结。其最后的拥护者维尔尼亚与尼福(Nifo)，也已然在更好的文本及来自作为人文主义者的帕多瓦主教的压力下，放弃了阿威罗伊人性观念的粗糙生硬。[②] 此后，连阿基利尼(Achillini)也不再打算为这种理智的字面上的统一性做辩护了；而阿威罗伊主义从那时起便主要被表示为一种对知识的构想和一种源自与神学和解的自由观。

布鲁尼(Bruni)开启了对亚里士多德的全新翻译；贝萨里翁(Bessarion)译就了《形而上学》。帕多瓦学人们部分使用了威尼斯人文主义者、反经院哲学家埃尔莫罗·巴尔巴罗(Ermolao Barbaro)[③]的新

---

① Ragnisco,《尼克莱托·维尔尼亚：15 世纪下半叶的帕多瓦哲学史研究》,p. 7。

② Ragnisco,《尼克莱托·维尔尼亚：15 世纪下半叶的帕多瓦哲学史研究》,p. 142。

③ 参见 T. Stickney,《论埃尔莫罗·巴尔巴罗的生活及其才智》(*De Hermolai Barbari vita atque ingenio*),Paris,1913；以及稍许不那么令人满意的作品 A. Ferriguto,《埃尔莫罗·巴尔巴罗》(*Almorò Barbaro*, Venice, 1922)；Ermolao Barbaro,《书简、演说与诗歌》(*Epistolae, orationes et carmina*),ed. V. Branca,2vols.;Florence,1943。

版本，但主要还是用埃吉罗波洛斯（Argyropolus）的，后者是一位在加入美第奇家族之前于帕多瓦教书的拜占庭人。正统的阿威罗伊主义者强调亚里士多德的逻辑面，他们所使用的传统拉丁术语和特性使得这位大师自己行之有效的意义丧失殆尽。这些抽象的名词加强了阿威罗伊式评注的柏拉图化倾向，使得话语的实体性变成了独立的存在。动词被转化为名词，活动被转化为本质，其结果可以被描述为一种十足的新柏拉图式的或辩证法式的自然主义。

帕多瓦的人文主义的初步效应是将人们直接送返至希腊文本及其古代注释者那里。于该世纪末出现的创立“亚历山大派”（Alexandrists）的团体将他们的名号追溯到了阿弗洛底西亚的亚历山大（Alexander of Aphrodisias），他是亚里士多德的最佳希腊注释者，他们向他学习并引用之；一部选自他研究人性的著作的选集以拉丁文形式出版于1480年代。[①] 不过，阿威罗伊主义者们同样也引用亚历山大；他们发现他的观点亦为评注家阿威罗伊本人所讨论。重要的差异不在于另一位注释者被追随，而在于我们发现，一系列亚里士多德主义者

① Alexandri Aphrodisei，《论理智》（*De intellectu*），Vemice：Bernardinus Venetus de Vitalibus，没有年代，但显然付印于1480年代。

以希腊言词和差异来思考，并且他们考虑的不是孤立的文本，而是论证的整体过程与精神。我们在设立亚里士多德式逻辑区分的时候，突然发现了一个实用的亚里士多德；我们发现事物的实行被给予的重要性超过了对其本质的声明。此外，我们还发现了强烈的人文主义兴趣。然而，在《物理学》成为关注的中心之前，现在是《灵魂论》以及对人性的阐释唤起了争论。就像柏拉图主义者们那样，亚里士多德主义者们开始讨论上帝、自由和有关个体灵魂的不朽性；不过，不像前者，他们通过亚里士多德得出了自然主义的结论。

尽管旧阿威罗伊主义者们关心世界甚于关心人，但他们始终维持着一种本质上非个人的集体主义的人性观。人是一种动物身体与"认知灵魂"(cogitative soul)的合成物：他是一个由自身质料与形式组成的个体实体。他的身体由四大元素混合而成；他的得体的形式，即"认知灵魂"，是一种意识-感觉(senses)或想象的能力，也就是说，是一种身体的功能，一种"质料形式"(material form)，随身体而形成，亦随身体而腐朽。但是，人不能在没有一个额外的理性灵魂(rational soul)的情况下认识，这个被动消极的或"潜在可能的"理智(passive or "possible" Intellect)必然是，如亚里士多德所言，"简单的，不承受作用，并且和任何事物毫无共同之处的(separable and impassive and unmixed)”。[①] 故而，它不能是任何特定身体的形式或隐德莱希（entelechy），加入并且受制于那具身体的质料；那样将会使其成为一种“质料形式”。它不会与身体结合起来，而只会赋予身体以认识的功能。这潜在的理智是一个完美而永恒的实体，是推动天体运转的“理知”（intelligences）中的最低者。与人相和，不在于其存在之中，而在于其思考或认识的活动之中，这个潜在的理智使用人体正如艺术使用一种工具，或一位工匠使用一把刀。在这一思考活动中，它将人接受感性形象的能力与他的“认知灵魂”相结合，以形成一个个体的人实际认识与思想所凭借的“思辨”或理论理智。

对于这种阿威罗伊式的观点，扎巴瑞拉解释道：“理性灵魂因而就像是一位已然被指派的水手登上一艘船，并将他杰出的活动机能交予其人，也

① 《论灵魂》（*De anima*）iii. 4 和 5，429*b*—430*a*。译注：“Intellect”一词，亚里士多德于该处所用的希腊词原为νοῦς，即“努斯”，吴寿彭将其译为“心识（理知）”，而秦典华则将其译为“心灵”，这里根据英文导言作者的语境直译为“理智”。所引亚里士多德原话采用的乃是秦译本。参见亚里士多德，《论灵魂》，秦典华译，载《亚里士多德全集》（第3卷），苗力田主编，中国人民大学出版社，1992年，第77页；另参亚里士多德，《灵魂论及其他》，吴寿彭译，商务印书馆，1991年，第150页：“心识（理知）是一个单纯的事物，不与其他任何事物相混相通，故不为任何外物所动（所作用）”。至于更详细的拉丁语术语翻译问题，可参正文翻译部分的译注。

就是沉思和理解，一如一位驾船的水手给予其导航的机能。”[1]因为潜在的理智是非质料的且永恒的，而且还分离于所有的物质，所以潜在的理智“并不随着人数的多少而增加，而是在全人类中总共就只有一个；它是诸理知中的最低者，负责以全人类作为它本身得体的‘天体’，而那一种类便由此类似于诸天体之一种。在任何人死了的时候，这个理智都不会消散，而是仍旧在那些剩余的人之中保持其一致的数量”。[2] 这一单一的人类理智故而享有一种非个人的不朽性；但是，诸个体以及其认知灵魂则须遭受分解与死亡。人必有一死；只有在认识机能中，他们才分有了永恒者(the Eternal)的一部分。或者，倒不如说，认识根本不是一种个人的机能；它是认识它自己的真理(Truth)，时而在这个人这里，时而在那个人那里。因为尽管这一单一的人类理智就其存有(existence)而言是独立的，但它却不能认识真理，除非它利用这个或那个人身体的感观能力。

这个概念的部分主旨在于辩证，正如此前对其的论证那样；他们的目的在于达成亚里士多德诸概

---

① Zabarella，《论物性三十卷》(*De rebus naturalibus libri* 30)，Venice，1590，Lib. 27，《论人类心智》(*De mente humana*)，cap. 3。

② Zabarella，《论物性三十卷》，cap. 10。

念的一致性,而非考虑其经验事实。亚里士多德说过,理智是“可分”且独立于物质的,是不死且永恒的运动。他还明确表示,任何永恒的、独立于物质且不能被其个体化的理智,在某一种类中总共就只能有一个。再者,假使任一身体都有其自身的理智,那么这些理智会因为其身体的各自实存而依赖于这些身体并随之而死。这些理智自己便将是身体或身体能力的一部分;作为独有的和质料的事物,它们无论如何都不能认识共相或不可分性或抽象事物,而只能接纳殊相。那么,它们便不能区别于感觉,也就不能通过一个特殊的创造行为而奇迹般地增加并个体化,恰如其信徒(以及托马斯主义者们)所坚持的那样,因之避免这些自然后果。就像维尔尼亚提出的那样:“现代人接纳这样一种不可能性,因为他们已经习惯于这种从小听到大的说法;而习惯乃第二自然天性(custom is second nature)。”[①]

不过,尽管这些论证是专业而辩证的,但其背后的主旨却根本上是柏拉图式的。认识真理的心灵必须自身就是柏拉图式真理王国的一分子,自身就是一个理念(Idea),永恒而非实存,不变且非个人,而且也不会被任何独有的身体的限制所限定

① Nicoleti Verniatis Theatini,《驳关于阿威罗伊理智统一观的误解》(*Contra perversam Averrois opinionem de unitate intellectus*),Venice,1505;dated 1492,fol. 7^r。

住。"潜在的理智是一个能够无需物质而存在的形式。因为它的运作不依赖于身体;故而,它的存在亦然。因此,如果它事实上缺乏感觉形象便不能运作的话,那么它便仍然能够这样做。"①"因为在抽象与物质之间没有中项(mean)。从而,每一个形式要么源自于物质的力量,并且会经受生成与腐朽,要么就在过去与未来都是永恒的,而且其存在可与物质相分离。"②必定有一个为所有人所共有的真理王国。要是在两种理智中有两种真理的话,学生还怎么向老师学习呢?而这样的一个永恒真理始终借由我们所谓的"理智"来实现之。真理一定是一直被鲜活地保持在一些心灵中,然后可以在一个人类的心灵中为人所易接近理解的。正如15世纪中叶的伟大导师蒂耶内的卡耶坦所提出的那样:"思辨理智在或这或那的个体中出生入死;在作为一个整体的人类中,它是永恒的。终归有一些思想在一些人的想象中被想象,结果可理解的种类和观念被接纳入潜在的理智之中。第一原理以这种方式而永恒,艺术与科学同样如此。如此潜在理智

---

① Alexandri Achillini Bononiensis,《全集》(*Opera omnia*), Venice,1545,1st ed.,Venice,1508;《论理智》(*De intelligentiis*),Quod. III,Dubium i。

② Augustini Niphi Suessanni,《论理智六卷》(*De intellectu libri 6*),Venice,1554;dated 1492,Lib. II,par. 15。

从不停止，而是在认识中绝对地道说。”①思辨理性就是这样的，如果说思辨理性依赖于任何独有个体的话。

在佛罗伦萨派的批评下，这个柏拉图式的重点被愈发强调了。除了用词之外，柏拉图、亚里士多德和阿威罗伊全然一致，维尔尼亚如是说。哲学总是在某处在某些人的心灵中保持着完美。“就任何种类的一些个体而言，理智总是在活动的过程之中；而如果不是在我们所在的北部的话，那它就在南方的居住区会当如此。世界的存在从不完全缺乏一些这样的个体存在。因之共相在所有人那里都是相同的；由此，关于一切的知识方可为人所知。”②

在有关真理的知识方面，也可以辨析出一种关于所有人一致的强烈社会意识。知识不是一种碎片化的个体财产；它属于全人类，并可以被一个单独的人视为一个整体。人在认识上本来就是共产主义的(communistic)——这一心理上的定位极佳地合乎两位早期的阿威罗伊主义者在《和平的保卫者》(*Defensor Pacis*)中所改进的人民主权论(theory of popular sovereignty)，此二人即扬登的约翰(John of

① Caietanus Thienensis 关于《论灵魂》的著作(super libros *De anima*)，Venice，1514，Lib. III，Text. 5，Qu. 2。

② Vernias，《论理智的统一》(*De unitate intellectus*)，阿威罗伊的观点(Opinio Averrois)。

Jandun)[①]和帕多瓦的马西略(Marsilio of Padua)。[②]一言以蔽之,对于阿威罗伊主义者们而言,心灵或理智与其说是一种私人的活动,毋宁说是一片存在的领域。正适宜于他们对于自然的非私人兴趣,他们所意识的世界之可理解性远比他们所意识的认识者的个人理知要强烈得多。

亚历山大·阿基利尼[③],教授着一种强有力且

---

① 关于扬登的约翰,见 É. Gilson,"La Doctrine de la double verité, avec des textes de Jean de Jandun",收录于他的 *Études de philosophie médiévale*,Strasbourg,1921,pp. 51—75。关于他对《和平的保卫者》(1324)的贡献,参见 G. H. Sabine, *History of Political Theory*, New York, 1937, pp. 290—291。

② 关于马西略,参见 Sabine, *History of Political Theory*, pp. 290—304。编辑《和平的保卫者》的有 C. W. Previté-Orton(Cambridge, 1928)和 Richard Scholz(Hannover, 1933)。关于阿威罗伊和政治理论的联系,参见 M. Grabmann,"Studien über den Einfluss der Aristotelischen Philosophie auf die mittelalterlichen Theorien über das Verhältnis von Kriche und Staat",*Sitzungsberichte der Bayerischen Akademie der Wissenschaften, Philosophisch-historische Kl.* (1934), Heft 2。

③ 关于阿基利尼,参见 L. Münster,《亚历山大·阿基利尼,解剖学家与哲学家,在博洛尼亚做研究的教授》(Alessandro Achillini, anatomico e filosofo, professore dello Studio di Bologna [1463—1512]), *Rivista di storia delle scienze mediche e naturali*, XV, No. 24(1933),7—22,54—77。参见 Ragnisco,《尼克莱托·维尔尼亚:15 世纪下半叶的帕多瓦哲学史研究》, p. 95。参见 Alexandri Achillini Bononiensis,《全集》(*Opera omnia*)。

独立的阿威罗伊主义，起初在博洛尼亚，继而从1506年到1508年在帕多瓦，最后从1508年到1512年去世都在博洛尼亚，他始终尝试着在这一框架内为人的个体性找到一个位置。人是一个真正的实体，通过自己的认知灵魂与潜在理智发生关联而得以独立自主。理智机能的差异来源于身体，而非个人理智，来源于意识和身体精神，来源于不同认知灵魂的更大努力。“而思考是在我们自身的能力之中的，不只是因为理智是我们的形式，还因为产生思考的意识的运作是在我们自身的能力之中的。”[①]但是，在帕多瓦，在阿基利尼的毕生对头那里，已然出现了一种为人文主义价值观更好地进行辩护的思想，这个对头便是彭波那齐。

尼克莱托·维尔尼亚强烈地主张这一阿威罗伊式的人性观，他占据了从1468年到1499年帕多瓦的哲学首席，“所以几乎整个意大利都转向了错误的信仰”。[②] 维尔尼亚卷入了与斯多葛主义神学家的争论之中，后者在帕多瓦无甚智识地位；而主教最终使得维尔尼亚与他的学生尼福为他们的观点盖上了

---

① 《论理智》(*De intelligentiis*)，Quod. III，Dubium ii。

② Antonii Riccoboni，《论帕多瓦的学校》(*De gymnasio patavino*)，Padua，1598，VI，cap. x，fol. 134。第10章全篇讨论有关维尔尼亚的影响与论争问题。

一层屈从的透明面纱。不过，关于15世纪最后10年的著作，康达里尼(Contarini)说："当我在帕多瓦时，在那全意大利最负盛名的大学中，评注家阿威罗伊的名号和权威是最受尊敬的；大家都认同这位作家的地位，并将其认作某种神谕。总而言之，最著名的便是他在知识分子团体中的地位，所以要是有人持有异议的话，那这人肯定是不配有逍遥学派或哲学家之名的。"①

康达里尼接着说，同样，他自己也被亚里士多德信仰一个单独的不朽理智的说法所说服。无法接受那种观点，且和所有帕多瓦人一样，认为托马斯的特殊创造理论违背了自然理性的原则，他判断说："阿弗洛底西亚的亚历山大的意见对于所有的他者来说更为可取。"②面对居于灵魂的一个非个人不朽性和一个个人有朽性之间的一个选择，像彼时很多的帕多瓦人那样，他站在了人类个体性的一边，并加入了亚历山大追随者(Sectatores Alexandri)的行列。③

① Gasparis Contarini Cardinalis，《文集》(*Opera*)，Paris，1571，p. 179。

② Gasparis Contarini Cardinalis，《文集》，p. 180；参见《申辩》(*Apolpgy*)，Lib. III，cap. 3，concl. 2。

③ Gasparis Contarini Cardinalis，《文集》，p. 211。参见"亚历山大的继承者"(sectatores Alexandri)，收录于Zaberella，《论理智》(*De mente*)，c. 9，14；《〈论灵魂〉评注》(*Com. de Anima*) iii. T. 5(731)；"亚历山大主义者"(Alexandristae)，《论灵魂评注》T. 3(691)。

因为在从布拉班特的希热(Siger de Brabant)[1]与扬登的约翰以降的所有阿威罗伊式讨论中,亚历山大都被考虑进了用以针对阿威罗伊的招式。他是一位主张对人类心灵进行一种自然的与生物的阐释的亚里士多德主义者;与他相对的阿威罗伊则坚持认识活动的非物质与抽象的故而不朽的自然本质,“理智”因而亦然如此。在亚历山大这位注释家身上,人们发现他相信“理智是随人类物种个体的繁殖增加而繁殖增加的;并且它就像其他自然形式一样,会经受生成与毁灭,借助于诸第一性质的最高贵的混合(most noble mixture)及其混合的消散”。[2] 自然地生成自这些元素,它与物质不可分割,且尽管是灵魂的最高能力,但也如感觉那样需要一个身体的工具。

使帕多瓦人不接受这一观点的不是其自然主义和对个人不朽性的拒斥:那个他们早就很欢迎了,而他们仅仅视托马斯主义者为寻求妥协的神学家们。他们在其中丢失的毋宁是他们深深感受到的柏拉图式真理观,以及他们在亚里士多德本人那儿所发现的思想。因为,在认识行为中,人好像将自己提升到

---

① 关于布拉班特的希热,参见 Pierre Mandoonet,《布拉班特的希热》(*Siger de Brabant*),Louvain,1911。

② Pauli Veneti,《自然大全》(*Summa naturalium*),Venice,1416;ed. Venice,1503,即《自然哲学大全》(*Summa philosophiae naturalis*),Lib. V:《论灵魂》(*De anima*),Sec. II,cap. 37。

了高于一个个别动物的限制之上，并看到了生物意义上的造物所无权掌握的那种具备透明性与清晰性的东西。帕多瓦学者们不是简单的反教权主义者；他们还信仰一种理性科学。那么，在能够找到某条将真理的理性观与其生物境况相和解的道路之前，他们将始终坚定自己的柏拉图主义。理智不能仅仅是物质而已。重要的是，在帕多瓦这里，卢克莱修的原子论被裁定为粗糙而不科学的。只要在纯粹物质与抽象理智之间似乎不存在中项，他们就坚决认为人性参与而分有了后者。

当亚历山大的正文被知晓与阅读之际，[①]人们发现他确实提供了那么一个中项。他不是一个简单的唯物主义者，像阿威罗伊所指控的那样；他为理性和理智创造了一个地盘。“亚历山大主张，”扎巴瑞拉解释说，“理智灵魂是一个组成物质的形式，并且来源于物质的能力；可它不是‘器质的’，因为它并不局限于人身上的任何感官之中。”[②]彭波那齐也在他的《〈论灵魂〉评注》中写道：“亚历山大认为理智属于生成的事物；但其本身的一些部分又与永恒的事物

① Alexandri Aphrodisei，《论理智》(*De intellectu*)，Vemice：Bernardinus Venetus de Vitalibus。

② Zabarella，《亚里士多德〈论灵魂〉3卷本评注》(*Commentarii in 3 Aristotelis libros de anima*)，Frankfurt，1606，Lib. III，Text 6，col. 743。

相一致,也就是说,在理解力与意志力中,有作为居于永恒者与非永恒者之间的中项的存在者,以及诸物质形式的第一者。”[①]

解决了帕多瓦人性理论的困境之人乃是曼图亚的彼得罗·彭波那齐。[②] 作为所谓的“最后的经院

---

① Luigi Ferri,《罗马安吉莉卡图书馆彭波那齐心理学的第二份手稿》(*La Psicologia di P. Pomponazzi secondo un manoscritto della Biblioteca Angelica di Roma*, Rome, 1877),收录了一篇节选自未出版的关于《论灵魂》评注的文章:Lib. III, Text 8(p. 156)。

② 彭波那齐的著作集有两个版本,哪一版本都是不完备的。第一个版本是 Petri Pomponatti Mantuani 的《论精纯实际的逍遥学派》(*Tractatus acutissimi, utillimi, et mere Peripatetici*, Venice, 1525),包括《论形式的增强与减弱以及大小》(*De intensione et remissione formarum ac de parvitate et magnitudine*)、《论感应》(*De reactione*)、《论第一性被驱动的方法》(*De modo agendi primarum qualitatum*)或《是否一个实际行动可以借由精神领域而立即施行》(*Questio an actio realis immediate fieri potest per species spirituales*)、《论灵魂不朽》(*De immortalitate animae*)、《申辩三卷》(*Apologiae libri tres*)、《反驳的学识论》(*Contradictoris tractatus doctissimus*)、《作者的辩护》(*Defensorium Autoris*)、《论生成与毁灭》(*De nutritione et augmentatione*);第二个版本是“彼得罗·彭波那齐的哲学与神学学说和杰出才智”(Petri Pomponatti phiosophi et theologoi doctrina et ingenio praestantissimi,《文集》[*Opera*], Basel, 1567),包括《论奇异现象的自然原因,或论咒语》(*De naturalium effectuum admirandorum causis, seu De incantationibus*)、《论命运、自由意志和神的前定 5 卷》(*De fato, libero arbitrio, praedestione, providentia Dei libri V*)。此外,彭波那齐还出版了《关于亚里士多德〈天象学〉第 4 卷的一些疑惑》(转下页注)

（接上页注）（*Dubitationes in quartum meteorologicorum Aristotelis librum*），Venice，1563。Luigi Ferri 从一系列讲义中出版了选注的《论灵魂》（*De anima*）。Francesco Fiorentino 的《文艺复兴研究与描绘》（*Studi e Ritratti della Rinascenza*，Bari，1911，pp. 63—79）针对藏于阿雷佐（Arezzo）的 Fraterinità de' Laici 图书馆的诸手稿作了一番描述，这些手稿评注了《物理学》（*Physcia*，I，II，III，VII，VIII）、《形而上学》（*Metaphysica* XII），以及《自然诸短篇》（*Parva naturalia*），系彭波那齐于 1525 年去世前的绝笔。

关于彭波那齐的研究，参见 Francesco Fiorentino，《彼得罗·彭波那齐：16 世纪博洛尼亚与帕多瓦学院历史研究》（*Pietro Pomponazzi：Studi storici su la scuola Bolognese e Padovana del secolo XVI*），Florence，1868；Pietro Ragnisco，《尼克莱托·维尔尼亚：15 世纪下半叶帕多瓦哲学史研究》（*Nicoletto Vernia：Studi storici sulla filosofia Padovana nella seconda metà del secolo decimoquinto*，Venice，1891），该书堪称所有研究中最精确者，其中格外有价值的是对彭波那齐关于理智形成发展的论述；Ragnisco，《哲学家杰克波·扎巴瑞拉：彼得罗·彭波那齐与杰克波·扎巴瑞拉关于灵魂的探究》（*Giacomo Zabarella il filosofo：Pietro Pomponazzi e Giacomo Zabarella nella questione dell' anima*），"Estratto degli Atti del R. Istituto Veneto di scienze，lettere，ed arti"，Tomo V，Serie vi，Venice，1887；Erminio Troilo，《帕多瓦阿威罗伊主义与亚里士多德主义》（*Averroismo e Aristotelismo padovano*），Padua，1939；Ernst Cassirer，*Individuum und Kosmos in der Philosophie der Renaissance*，Leipzig，1927，pp. 143—49，以及 *Das Erkenntnisproblem*，I，105—17；E. Weil，"Die Philosophie des Pietro Pomponazzzi"，*Archiv für Geschichte der Philosophie*，XLI(1932)，127—176，这是卡西尔的一位学生的论文；John Owen，*The Skeptics of the Italian Renaissance*，London，1893，pp. 184—241；A. H. Douglas，*The Philosophy and Psychology of Pietro Pomponazzi*，Cambridge，1910。

学者和启蒙的第一人”,他确乎同时分有了二者的性质:后者在于他以炽烈的热忱反对神学家们,在于他对宗教中一切安逸调和报以现代主义的嘲讽,还有他对人之自然命运的洞若观火;前者则在于他拒绝离弃亚里士多德传统的界限,在于他一丝不苟地运用中世纪的辩驳之道,还有他对辩护之立场的理性原因所抱有的抽丝剥茧的关注。然而,文艺复兴意味着居间于二者之中,所以他分享着他的时代精神:那对于人类及其命运的关切,那将人性视为连接天与地的观点,那对古人权威的尊崇——为了他,亚里士多德——还有,且不管别的一切理论,那斯多葛式的心灵倾向。就像他伟大的柏拉图式的对手费奇诺那样,他于所有教条之外探寻审视人之命运。他严谨细密的论证所诞生的一种人性观更近似于另一位佛罗伦萨人——即马基雅维利——的洞见,还有那位阿姆斯特丹的镜片打磨家,[①]而非学院式的尤为多愁善感的虔敬。彭波那齐也不是什么反对热忱的唯物主义者,除了他自己的追随者扎巴瑞拉之外,他并不比谁更接近于生物学意义上的亚里士多德。在今天的我们看来,尽管他剥离了托马斯主义与阿威罗伊主义对柏拉图主义的吸附,但对柏拉图却有着比费奇诺和皮科更好的理解;他知道柏拉图的洞悉

① 译注:即斯宾诺莎。

乃是视见(vision),而非形而上学,且他尊敬并为此视见而奋斗。

彭波那齐并不是作为一个阿威罗伊主义者而发家的。和他的同窗康达里尼还有德·菲忧(De Vio)一起,他由他的老师们教养成材,尤其是弗朗切斯科·迪·纳尔德奥(Francesco di Nardò or de Neritone),一位在帕多瓦教授形而上学的托马斯主义者,彻头彻尾的托马斯主义者。彭波那齐很早便将他自己与维尔尼亚的阿威罗伊式学生们区分开来,并于 1488 年获得了讲师或临时教授的职衔。[①] 确实,他看上去似乎还是一个很好的托马斯主义者,他秉持帕多瓦的自由精神,主要教授《物理学》,直到尚未出版任何著述之际,于 1509 年因战争而关闭大学后离开,前往费拉拉。帕多瓦体系为每一位教授都提供了一位在同一时间教授不同观点的对手,或者说,狭路相逢者(*concurrens*)。彭波那齐的教学,自 1496 年迄至后者离去的 1499 年,与尼福相互抗衡。[②] 1495 年,他被任命为教授,在维尔尼亚之后位居第二;维尔尼亚于 1499 年去世后,红衣主教本博(Cardinal Bembo)向他保证了前者的首席教职,他的对手是安东尼奥·弗拉坎切阿诺(Antonio Fra-

---

① Ragnisco, *Vernia*, chap. 5; *Zabarella*, p. 22.

② Ragnisco, *Vernia*, chaps. v, vi.

canciano)。1506年,阿基利尼回到帕多瓦,并继承了弗拉坎切阿诺,成为彭波那齐的对手,一个更尖刻的对手;二者后来又共处于博洛尼亚。1510年,彭波那齐于费拉拉教授《论灵魂》;在《申辩》(*Apology*)中,他说,他在那所大学讲授了《论不朽》(*De immortalitate*)的观点。1511年,他被任命为博洛尼亚为期4年的哲学首席,但因为战争的缘故,他直到1512年才去。1515年,革新者们(Riformatori)确证了他的教席,据说,其丰厚的薪水比任何一位意大利的哲学教授都要多。①

所有这些彭波那齐的对手——阿基利尼、尼福,还有弗拉坎切阿诺——都是阿威罗伊主义者、维尔尼亚的学生。特别是,在与他年轻的对手弗拉坎切阿诺的辩论中,他以他的老师纳尔德奥的托马斯主义来对抗维尔尼亚的那些观点,看上去好像动摇了他自己的托马斯主义。② 他们探讨了理知与天体(heavenly spheres)的关系,这是个关乎人性观的根本问题,而对于阿威罗伊主义者理智也是一种"理知"而且是人类合适之"体"(sphere)。他们说服他相信一种 *forma informans et dans esse*,即一种真正的实体形式,是不能分离于其质料的。因为太骄傲

① Fiorentino, *P. Pomponazzi*, 26; Ragnisco, *Vernia*, p. 89.

② Ragnisco, *Vernia*, chaps. v.

而不愿承认失败，也因为很大程度上还是个托马斯主义者而无法成为一个狭隘的阿威罗伊党人，他去往费拉拉以重构他的思想。他的新观点可能在帕多瓦已然成形，但并未使之众所周知，直至他来到费拉拉；这些观点也没有在出版物中阐明，直到 1516 年，他在博洛尼亚出版了短小但却开创了新纪元的散文《论灵魂不朽》(*De immortalitate animae*)。

由此，彭波那齐成为了一个一半转向阿威罗伊主义的托马斯主义者。他常常用托马斯来对抗阿威罗伊立场的统一性，又以阿威罗伊来对抗托马斯的可分性与不朽性。自然主义以及，他会说，各种的亚里士多德主义，他都会拿来对抗别人的柏拉图主义。至关重要的是，他所推进的帕多瓦学院的合作特性很难说是一种新的论证，毋宁说是仅仅以很好的技巧来收集并整理的为后世精心阐述的论证。他或许在亚历山大这里找到了启发他作为中项位置的灵感，当然，他也将其置于亚历山大之口；而他的人论作为“具有双重自然性质，且是一个居于有朽者与不朽者之间的中项”很可能是受到了费奇诺的影响。[①] 然而，不论在他的评注中，还是在他不那么正式的论

---

① 《论灵魂不朽》(*De immortalitate animae*), chap. i; P. O. Kristeller, “Ficino and Pomponazzi on the Place of Man in the Universe”, *Journey of the History of Ideas*, V (1994), 224。

文里，他都没有具体地追随亚历山大或任何一个希腊人；阿威罗伊、托马斯、扬登，以及，总之拉丁人，乃是他观点的主要支持者。而尽管他在《申辩》[1]中与费奇诺相辩驳，又于《论不朽》[2]中引用了皮科，但他仍然遵循着更古老的不提及新近作家名讳的习俗。然而，在这浩大的传统材料中出现了一种富有创意与力量的见地：一个自然身体机能，一个质料形式（*forma materialis*），可以见到理性真理（rational truth）。彭波那齐对亚里士多德的解释可能来源于，他也肯定曾借助于他那向纳尔德奥求学的同窗、声名卓著的托马斯主义者托马斯·德·菲忧，以及后来的红衣主教盖塔诺（Cardinal Gaetano）[3]，一位

① 《申辩》（*Apologia*），Lib. I，cap. 9。

② 《论灵魂不朽》（*De immortalitate animae*），chap. xiv。

③ 参见 Ragnisco，*Vernia*，p. 97。盖塔诺是托马斯主义的形而上学教授，Trombetta 的对手，后者是司各特主义的形而上学教授。他在其《〈论灵魂〉评注》（*Commentaria de anima*，Florence，1509）一书中说道："要知道，我的意图，并非是希望声称或主张，根据哲学的原则，潜在可能的理智是会经受成住坏空（generation and corruption）的……这被信仰表明为是错误的；故而，我没有写这些话是正确的或名副其实的或在哲学上是可能的，我只不过是提出来作为这位希腊人的意见，而我则将尝试去表明，这根据哲学的原则来看乃是错误的"（ed. Palermo，1598，p. 205）。盖塔诺是第一个发现亚里士多德主张灵魂有朽性的多明我会修士。另一位多明我修士 Bart. De Spina 写了 3 篇论辩文：其中一篇反对盖塔诺，另外两篇反对彭波那齐的《论不朽》及其《申辩》。De Spina 在《驳盖塔诺为亚里士多德〈论灵魂不朽〉辩护》（转下页注）

在1494年后和他在帕多瓦教书的多明我会修士，菲忧还于1509年发表了一篇关于《论灵魂》的评注，主张亚里士多德教导灵魂的有朽性。但是，彭波那齐的问题及其解决之道则是他自己的。

这是关乎人性的问题，他的活动和他们的境况，还有他们在一个单独存在中的统一。人性不是简单的而是多数的，不是确定的而是模糊不清的，是一个在有朽与不朽之间的中项。[①] 这两种本质如何结合在人之中？彭波那齐轻蔑地拂去了阿威罗伊式的回答：亚里士多德几乎从未考虑过这种扯淡的想法，更别提相信它了。[②] 托马斯受轻视的驳斥乃是确凿无误的。如果苏格拉底的理智和柏拉图的一模一样，二者便将有相同的存在与活动。还有什么是更蠢的吗？[③] 而柏拉图式的观点，即人是以一个灵魂来使用一个身体的，是一个推动者与被推动者的结合体，也不能更好地服务于解释经验所揭示的个体统一性；这一论点同样被托马斯充分拒斥了。因为，这样的话，灵魂和身体所具有的统一性就不会比牛和牛车更多，那么就有两个人连接在

(接上页注)(*Propugnaculum Aristotelis de immortalitate animae contra Thomam Gaetanum*, Venice, 1519)中抨击了盖塔诺，这份文献是彭波那齐阐释的来源。

① 《论灵魂不朽》(*De immortalitate animae*), chap. i。

② 《论灵魂不朽》, chap. iv。

③ 《论灵魂不朽》, chap. v。

我之中了。[①]

然而,托马斯自己的观点尽管在信仰上是真实的,但看上去却与亚里士多德和自然理性相对立。托马斯在将理智当作人类身体的真实形式与隐德莱希时是正确的,理智是其自然功能。他在使之成为与质料可分离且能够在死后继续实存的时候错了。彭波那齐接着给出了一个对亚里士多德的十分自然且功能性的解释。在理智所有的活动中,它需要身体及其所提供的肉体感官形象。对此,亚里士多德极为明确,况且这也为我们本身的经验所证实了。[②]

彭波那齐认为,符合亚里士多德及其关于自然理性问题的答案即灵魂在实质上是真正有朽的,相对不恰当地说来是不朽的。他将这一论点建基于一种对灵魂活动的分析,特别是那些与认识功能以及活动的必要境况相联系的活动。所有的认识,包括感官的和知性的,都是同一个灵魂的一种功能;并且,在某种意义上,可以说,所有的认识都抽象于物质是真实的。不过,存在着三种分离于物质的模式,对应于宇宙中发现的三种认识的方式。有为理知所知的全然分离于物质;有为感官能力所知的最低程度的分离于物质,这需要一个身体来同时作为它们

① 《论灵魂不朽》,chap. v。
② 《论灵魂不朽》,chap. viii。

的主体和客体，而且限制于特殊性。但是，还有第三种中项性的分离——在此，彭波那齐与阿威罗伊分道扬镳——身体需要被作为客体，但不需要被作为主体。这个“中项”便是人类理智（human intellect）。[①]

由此，一方面，灵魂是一种质料形式，一种生成于父母而非特殊创造的身体功能，乃是至上且在质料形式中最完美的，但没了身体，便不能以任何方式活动或存在。[②] 另一方面，灵魂的本质认识活动表明，在一定方式下，它参与了不朽性：它可以领会-把握(grasp)普遍者与不朽者。[③] 简言之，当认识需要物质条件，并由是成为一个人体的行动时，它便并非质料性地发挥功能，而是超升于这些条件之上，以领会共相(universals)与真理。认识需要一个身体，但它并不发生于这个身体上任何局部确定的部位；不然，它就会是“器质的”，从而受限于其感官的条件。正如亚历山大所主张的那样，虽然理智包含了身体的所有能力，但认识是在身体作为一个整体的条件下发生的。[④]

尽管彭波那齐追随了整个古希腊传统，在对认

---

① 《论灵魂不朽》，chap. ix。
② 《论灵魂不朽》，chap. ix。
③ 《论灵魂不朽》，chap. ix。
④ 《论灵魂不朽》，chap. ix。

识功能的分析中导出了灵魂的本质,但他也检验并反驳了一切对于不朽性在外部道德与实用主义上的论证。知道灵魂是有朽的实际上是一个极大的收获,因为它使得一种现世的和人性的有朽性最终成为可能,一条指向人文主义者心心念念的那些价值观的人生道路也变得可能了。而且,虽然阿威罗伊主义者们也拒斥个人不朽性,但彭波那齐似乎在以他有所收敛的口吻向那个时代传达,如此渴望发现一条基于人类自身本性的生活方式,帕多瓦漫长传统的智慧:在理智与真理上的人类共同体。全人类就像是具有不同感官的单独个人。所有人都应该以三种理智来交流——理论的、实践的,还有制作的(productive)——没有人会不能把握其中的任一方面。人类的大致目的是相对地参与理论和制作理智,但在实践上臻于完美。如果人是有朽的,那么每个人便都有普适于人类的目的,就算适合的不是最完美的那个部分也无妨。而这种能力几乎可以让每个人都得到祝福。[①]

对于来世的报偿-奖赏与惩罚,彭波那齐则不屑一顾。美德的实质奖赏便是美德自身,而恶习的真正惩罚就是恶德自身。不,如果一个人带着报偿的希望去实行美德,那么他的行为就不会被看作和不

① 《论灵魂不朽》,chap. ix。

期待任何外部报偿的人一样有美德；而谁要是受到了外部的惩罚，那便减轻了其本应受到的最大和最坏的恶德本身惩罚的罪恶。“于是乎，那些宣称灵魂有朽的人似乎倒是比宣称灵魂不朽的人更好地保全了美德的根基。因为对报偿的希望和对惩罚的恐惧似乎与一种确凿的奴性有连带关系，而这却与美德的根基背道而驰。”①

对一种彻底自然主义的伦理学的显著声明与辩护，更应当归之于斯多葛主义，而非亚里士多德；彭波那齐使幸福完美存在于实践，而非理论理智，虽然它必须包含着在制作与认识中有一个相对的参与，其在有朽事物中乃是最杰出者，是人性最完美部分的功用。

尽管彭波那齐有条理地归结他的散文，认为灵魂不朽是一个“中性问题(neutral problem)”，②正如世界永恒那个问题一样，且不论是对此肯定还是否定，都不能由自然理性来证明，但这还是在威尼斯的神职人员中间炸开了锅。③ 他们劝说大主教(Patriarch)和总督(Doge)将是书焚毁，并宣称他是一个异教徒。一份副本被送至他的保护人，红衣主教本博，那位柏拉图主义者，并受到了罗马谴责。但是，本博

① 《论灵魂不朽》，chap. ix。

② 《论灵魂不朽》，chap. xv。

③ Fiorentino, *Pomponazzi*, pp. 35, 36.

发现，其中并无异端邪说，而列奥十世(Leo X)，一个热爱良好斗争的人，同时鼓励了论战中的双方。他们驱策他写了一篇《申辩》(*Apologia*)，[①]文中，他答复了在1517年针对他的各类诋毁者；1519年，他又撰写了《辩护》(*Defensorium*)[②]，以反对尼福为托马斯所作的多卷本含辛茹苦的辩卫，而尼福有着作为一个趋炎附势者(time-server)的名号。1518年，博洛尼亚的革新者们重新任命彭波那齐就职为期8年的席位，薪水加倍。[③]

《申辩》是一部比第一本书更详细且优秀的著作。因为被攻击者们所螯刺，彭波那齐以对他那位托马斯主义者老同窗——康达里尼——的批评的透彻分析，饱含激情地回应了这些僧侣和神父们。不朽性不再是一个中性问题；它全然对立于中性原则。他准备好了将其视为一个教条来为这一真理而死；但他不会教导说，这是能够被理性所证明的。“一名哲学家不能这么做；特别是一名哲学教师，要是这样教的话，他就会是在教导谬误，会变成一位不诚实的

① *Apologia Petri Pomponatii Mantuani* (Bologna, 1518); Lib. III, cap. 2.

② *Defensorium Petri Pomponatii Mantuani*: *Petri Pomponatii Mantuani Defensorium sive Responsiones ad ea quae Augustinus Niphus Suessanus adversus ipsum scripsit De immortalitate animae* (Bologna, 1519).

③ Fiorentino, *Pomponazzi*, p. 38.

导师,他的欺诈会很容易被察觉,而他的所作所为将与哲学这个行业背道而驰。”[①]自然神学(Natural theology)实际上是如此不牢靠且荒谬,以至于它使基督教自身名誉扫地。就像之后那么多的理性主义者一样,彭波那齐为保卫正统的严格含义(letter of orthodoxy)而与自由派和柏拉图主义者们辩驳。只有在耶稣复活,还有超自然神恩与救赎的情况下,不朽性才是始终如一地可理解的。实际上,如果灵魂的本质自然便是不朽的,那神恩又该当如何是一种功德奖赏呢?他极其清晰地开掘了个人不朽性的逻辑——都是建立在,当然啦,废除自然知识与自然理性的基础之上。来自天真无知的诉愿接受的是短缺不足的临终忏悔。

不过,康达里尼,可把他推到了一种对灵魂发挥作用的更精密的分析和一种对所有有疑问的亚里士多德式讨论的阐释之中。一开始,他认为,理智不需要身体来作为主体原因;康达里尼紧逼以更为激进的观点。[②] 在《申辩》中,理智的涵义被扩大了,就像

---

① *Apologia*, Lib. III, cap. 3.

② Ragnsco, *Zabarella*, pp. 15ff. 参见 F. Fiorentino, “La psicologia di Pietro Pomponazzi”, in *Studi e Ritratti della Rinascenza* (Bari, 1911), p. 8。这篇评论的是 Luigi Ferri, *La psicologia di Pietro Pomponazzi* (Rome, 1877),文中 Fiorentino 攻击 Ferri 的论点,认为彭波那齐的灵魂观念没有什么革新或改变。为了支持这一点,他援引了 (转下页注)

其他形式那样，但依然是不可分的；①最终，在《论营养》（*De nutritione*，1521）中，他也承认了可分性。②理智的自然本质并不与任何其他质料形式有所不同。它不可分地与身体结合在它的实存之中，同时作为主体与客体；③它在它的功用方面乃是升于身体之上的，独立行动，接受共相。所以一个有朽的灵魂可以认识不朽的真理；它在它的认识能力中，而非在任何本质特征中，它是“可分的、消极的、非混杂的”——一种在精神上彻底亚里士多德式的阐释。只是对于康达里尼的问题——“为什么理智没有局部集中在感官上呢”，彭波那齐无可奉告；而这提示

（接上页注）G. Gardano，*Opera*（Leyden，1663），II，487：“彭波那齐丝毫没有坚持他自己的立场来认为灵魂不朽这个问题是一个中性问题。因此，他忘了自己说了什么，而又坚持理智灵魂的不朽性，在谈及人类灵魂时，又与自然原则相矛盾。他这样说，不管怎样，是因为他被控告为异端邪说而愤懑不堪。”

① *Apologia*，Lib. I，cap. 3：“在我看来，似乎它可以说具有充分的可能性……即人类理智是扩展到其认识与意愿之上的；它依然是以共相（universals）来认识和推理的；亚里士多德没有与这一观点相矛盾”；参见 F. Fiorentino，*Studi e Rtratti*，p. 10。

② *De nutritione*，Lib. I，cap. 11：“因为对真理毫无偏见，我相信，根据亚里士多德的说法，不仅植物和动物灵魂是被解释为可分的，而且每一个关乎完美的灵魂在更低级的物质层面都是可分的；尽管根据真理，连亚里士多德也并不知道的是，人类灵魂很明确地是绝对不可分的。不过我作此判断的立场只是建立在信念之上，而非由任何自然理性所阐明”；参见 F. Fiorentino，*Studi e Rtratti*，p. 12。

③ Fiorentino，*Studi e Rtratti*，p. 8.

扎巴瑞拉使得"想象力"成为理智的器官。①

彭波那齐并没有将他的自然主义局限于心理学。他在自然中看到的那种有序的统一法则容不下奇迹、魔鬼或天使,甚至任何直接的神意干涉。在《论自然结果的奇妙原因》(*De naturalium effectuum admirandorum causis*,1520)中,他致力于通过纯粹的自然原因、并非日常经验到的自然力量,以及规则有常的天体影响来解释所有奇迹般的治愈和事件。彭波那齐反对皮科因认为其不可与人类自由相协调而拒斥占星学,他试图去构成一种有序而合理的星体科学,并借此反对所有的迷信——向人文主义者作出自然主义者的答复。"一切预兆(prophesy),不论是预言(vaticination),或占卜(divination),或越轨行为,或用嘴来说,或艺术与科学的发明,一句话,一切在这更低等的世界上可观察到的结果,不论它们是什么,都有一个自然因。"②有所记载的宗教奇迹不是与自然秩序相对立的事件;它们不过是异乎寻常、稀罕少见罢了。一个非物质的精神的真正概念杜绝了任何特别的活动。"我们设想魔鬼是徒劳的,因为摈弃可见者和可为自然理性所证明者,而去探寻不可见者,以及

① Ragnisco, *Zabarella*, p. 47; *Vernia*, p. 96; Cassirer, *Das Erkenntnisproblem*, I, 117—20, 136—44.

② *Apologia*, Lib. II, cap. 7.

不能为任何逼真性(verisimilitude)所证明者,这是荒谬而愚蠢的。”①“任何结果都并非是由上帝直接性地而是通过他的代理人施加在我们头上的。因为上帝井然有序地制定与安排了一切,并且派分了一种永恒法于万物之上,这是不可能有越界的。”②

接着,彭波那齐为诸宗教本身的起源与发展提供了一个自然主义的说明。“那些不是哲学家的人,实在是形同禽兽,不能理解上帝与天体和自然的运化。故而,看在俗人的分上,天使与魔鬼被引介了,尽管那些引介他们的人知道他们不可能存在。因为在《旧约》里,很多所谓的事物都不能从字面上去理解。它们有的是一种神秘的意义而被述说则是为了无知的俗人,他们无法理解任何不是亲身性的东西。所以宗教的语言,正如阿威罗伊所说,就像是诗人的语言:诗人制作的寓言尽管在字面上不可能但却包含着理智的真理。他们制作了他们的故事,而我们可以进入真理,并指导粗鲁的俗人,引导他们通往善好,拉住他们远离邪恶,就像孩子被对奖赏的希望与对惩罚的恐惧所引导。借由这些亲身性的事物,他们被不是亲身性的知识所引导,就像我们引导婴儿从液体食物到较为固体的食物。”③

① *De... causis*, cap. I.

② *De... causis*, cap. 10.

③ *De... causis*.

宗教和所有人类事物一样诞生与灭亡；因为它们的再生，夺人耳目的迹象为人们所需要，故而力量被安置在自然之中，而其运用则极少被召唤。“既然一种宗教的改变是所有改变中最重大的，而且从熟悉的人传递到最不熟悉的人那里是如此困难，那么新的宗教的接续就需要很奇特且惊异的事情发生。由此，一个新的宗教降临时，那个制造‘奇迹’的人就会被当作是为神圣的身体所生，然后理所当然地被信仰为上帝之子——和宗教有关的事物，正如其他事物一样，都会受制于成住坏空：我们观察到他们和他们的奇迹起初是微弱的，接着，这些奇迹便会增长，到达一个高潮，随即开始没落，直至复归于无。那么，现在，在我们自己的信念中，所有事物也都在愈发冷淡，奇迹在减少，除了那些伪造和冒充的，因为它看起来已经接近终点了。”①

在《论命运、自由意志以及预定》(*De fato, libero arbitrio, et de praedestinatione*, 1520)②中，彭波那齐从亚历山大的一部论著开始，在人类自由与自然法之间做出了他的选择。在一番详尽地检验了对自由与神意调和的企图之后，他的结论是，这些企图

---

① *De... causis*, cap. 12.

② *De fato, libero arbitrio, et de praedestinatione* (Basel, *Opera*, 1567；完成于 1520 年)；参见 Cassirer, *Individuum und Kosmos*, pp. 85—87。

无一成功:要么是命运与神意,要么是自由意志,但不能二者兼顾。没有一个观点是令人满意的;而斯多葛派的答案最为协调。[①] 因此,帕多瓦人最终以一种斯多葛派决定论与佛罗伦萨人的自由论相对立。事实上,彭波那齐的全部自然法观点与其说是17世纪意义上的科学的观点,倒不如说是斯多葛式的:是宇宙作为一个整体通过"诸天"的运转来决定个别的事件,而非一些确定的序列。而他的"亚历山大主义"可以很好地被称作一个特别斯多葛式的亚里士多德主义。

《论灵魂不朽》(*De immortalitate animae*)有两个现代的版本:由乔瓦尼·詹蒂莱(Giovanni Gentile)编辑的版本("Opuscoli filosofici: testi e documenti inediti o rari", Vol. I, Messina and Rome: Casa Editrice Giuseppe Principato, 1925);以及由威廉·亨利·哈伊二世(William Henry Hay II)编辑的版本(Harverford College, Haverford, Pa., 1938),包括了一个遵照原始编本(*editio princeps*)的摹本和一个英译本。

詹蒂莱的版本包括了一些有用的校勘,连同若干不幸的错误与遗漏。哈伊先生很和善地许可了他的版本,基于1516年的版本,伴随某些编辑上的修

① *De fato*, Lib. II, cap. 12.

订而在本卷发表,最终校订的责任由小兰道尔(J. H. Randall)担负。[①]

① 译注:中译版参照小兰德尔的这一英译版(由 Ernst Cassirer、Paul Oskar Kristeller 以及 John Herman Randall, Jr. 三人所编辑的《文艺复兴人性哲学》[*The Renaissance Philosophy of Man*],The University of Chicago Press, 1954),以及拉丁文版(Magistri Petri Pomponatii Mantuani, *Tractatus De Immortalitate Animae*)与意大利语译版(Del Maestro Pietro Pomponazzi Da Mantova, Trattato Sull'Immortalità Dell'Anima)相对照的 Gianferanco Morra 编译版(*Tractatus De Immortalitate Animae*, Bologna,1954),以及拉丁-德语对照版(*Abhandlung über die Unsterblichkeit der Seele*, Felix Meiner,1900)翻译而成,原文生词与关键词附括号标注者以拉丁文版为本,原文脚注以小兰德尔的最新修订版为本,如有必要加以中文注释者,皆在注释前附上"译注"予以说明。

论灵魂不朽

曼图亚的彭波那齐将他最衷心的敬意致予威尼斯高尚的贵族马肯托尼欧·弗拉沃·康达里尼(Marcantonio Flavo Contarino),他孩子的尊贵的教父

我曾希望,高尚的康达里尼,在我们学习的这些暑期中,我会有闲暇来参观威尼斯,并在如此之久的缺席之后,问候那么多杰出的好朋友,还有我卓越的赞助人,亲自向他们表达我的尊敬,尤其是你,我时时念及和留心于你。但我极大地被自己的希望欺骗了,因为,正当我刚做好准备出行之际,我突然感染了凶险的疾病,这深深地困扰了我许久许久。与此同时,在我生病的这段时间里,成为了惯例的是,每天都有很多人来问候我,很多我的学生和朋友,具有扎实的学识且谦恭有礼的人们。他们试着以诸多的方式来减轻我的苦恼。有时候,他们以各种各样的问题来激发我这位病人。

最终，讨论鬼使神差地出现在了论灵魂不朽之上。关于这一论旨，应所有我与之进行了漫长而丰富的对话的人的要求，后来，我决定将之出版，并题献给你，在一番重温与更仔细地整理之后，为的是，尽管我们被空间隔开，以至于无法交换实际的言语，但至少我们或许可以被我们的写作牵引结合，正是这样，我或许能够以我所能得到的唯一方式来同你交流。你，连同你的善良，会以快乐的神色来接受我的小礼物的吧，尽管这几乎配不上像你这样的一位好人。别了！

1516 年 10 月朔日

序 言

包括本书的目的或论旨以及这一目的的起因，等等。

多明我会（Ordinis Praedicatorum）教士拉古萨的希罗尼穆斯·纳塔利斯（Frater Hieronymus Natalis of Ragusa），他是一位非常好的人，对我也很友善，他之前常常在我健康欠佳时来看望我。而当有一天，他看到我不那么被疾病所困扰时，他便以真挚谦虚的态度开始说道："敬爱的老师啊，在先前的日子里，你为我们讲解了《论天》(*De caelo*)的第一卷，在到了亚里士多德试图以许多论据来说明非生成者与非毁灭者是可相转换的那个地方[①]，你提出了圣托马斯·阿奎那关于论灵魂不朽的见解。虽然你不怀疑那是对的，而且是自在确信的，但你判断其为全然不同于亚里士多德所言。故而，除非这对你来说太过困难，不然我特别想从你这里知道两件事。首先，且不管启示与奇迹，就完全保持在自然的限度之内，你自己怎样看待这个论旨呢？还有，第二点，就这同一个问题，你判断亚里士多德的意见是怎样的呢？”

此刻，当我看到现场的每一个人同样的渴望之时——实际上，还真是有很多人啊——我便这样回答他说：“亲爱的孩子啊，还有你们所有其他人，尽管你们所问非小，因为这种事情是很深奥，但既然几乎所有著名的哲学家都对此有所研究；而且，既然你们只问一些我所能够回答的问题，换句话说，是我自己有所思考的，那便很容易让你们也知道；故而，我很乐意应允你们。不过，无论我所思考的实际上是什么，你们都必须去询问更有学识的人。那么，在上帝的指引下，我将开始这一问题。”

---

① i 12, 282 b 5ff.

一

其中说明了人具有一种双重的(ancipitis)自然本性,是介于有朽者与不朽者之间的一个中项

现在,我想应该在此时此刻先点出我们所考虑的开端。人显然具有的不是简单的而是多元的,不是确定的而是模糊的(ancipitis)的自然本性,他被作为一个中项安放在了有朽的事物与不朽的事物之间。如果我们检验他的本质活动的话,就可以很清楚地看到这一点,正是从这样的活动中,本质被我们所认识。因为在执行-发挥植物灵魂和感觉灵魂的功能时,这,正如在《论灵魂》第2卷[①]和在《论动物生成》(*De generatione animalium*)第2卷第3章[②]中所说的那样,不能在没有一个身体的和易消亡的工具的前提下执行,人以有朽性为前提。然而,在认识和意志中,这些活动贯穿着通篇《论灵魂》,此外,在《论动物部分》(*De paritibus animalium*)第1卷第1章[③]和《论动物生成》第2卷第3章中,它们被认为是无需任何身体工具来执行的,因为它们能证明

① ii 4—5.

② 736 b 22ff.

③ 641 b 4ff.

可分性和非物质性，而这又反过来证明了不朽性，人便被算作是居于不朽的事物之中了。从这些事实中便可以引出整个结论，人显然具有的不是一个简单的自然本性，既然他拥有了三种灵魂，也就是说，植物的、感觉的，还有理智的，并且他为自己宣称一种双重的自然本性，既然他的存在既非是无条件而纯然(simpliciter)有朽的，又非是无条件不朽的，而是同时包含了这两种自然本性。

所以，古人说得很好，他们将人设定在永恒与现世的事物之间，因为他既非纯粹永恒的，亦非纯粹现世的，他同时分有了这两种自然本性。由此，对人来说，既然是作为中项而存在于二者之间，他也就被赋予了任何他所希望去接受的自然本性的能力。故而，可以发现有三种人。有些是被算作和神一起的，尽管这种人少之又少。而这些人克服了植物性和感觉性，成为了几乎全然理性之人。有些人在对理智的完全否定中，在仅汲汲于植物性和感觉性中，可以说是，变成了禽兽；而也许这就是当毕达哥拉斯寓言说人们的灵魂变成不同动物时的意思所在。有些被称作普通人；而这些就是差不多依照道德德性来生活的人。不过，他们没有将自己整个投身于理智或整个超凡脱俗于身体的能力之中。后二者中的每一种都具有一个很广阔的范围，这显而易见。若合符节，《诗篇》(Psalmo)有言："你叫他比天使微小一点”,[①]云云。

二

其中提出了先前所言关于人性之多元性能够被理解的几种方式

我们已经看到了人性是多元而模糊的——这自然本性并非由质料和形式的联合所构造而成,而是来源于形式或灵魂自身。现在有待查看的是,既然有朽者与不朽者是对立的,当然,不能被确立为一样的东西,那么,不管是谁,或许都会怀疑,这二者是如何可能被同时确立为人类灵魂的。因为,实际上,这看上去真不简单。

现在,任一个且同一个自然本性必须被设定为,立刻便是有朽的和不朽的,或两种不同的自然本性。而如果后者被预设了,那就可以以三种方式去理解。要么,第一,有朽的和不朽的自然本性的数量依据于人的数量——亦即,在苏格拉底中,会有一个不朽的自然本性和一个或两个有朽的,其他的人也是如此,因此,每一个人都会有他自己有朽的与不朽的诸灵魂。或者,第二,可以预设在所有人中都只有一个不朽的自然本

① 《诗篇》8:6。

性,而与之同时,有朽的则在每个人之中都有所分布且多数。或者,第三,相反地,我们应当预设不朽的是可多数的,而有朽的则对于每个人都相同。

然而,假设,第一种情况被采取,那便是,通过一个且同一个自然本性,人是同时有朽的和不朽的,既然似乎不可能去确立相同者的对立,那就不可能使相同的自然本性是无条件有朽的和不朽的。它要么是无条件而纯然(simpliciter)不朽的,而相对地只在某一方面(secundum quid)有朽的;或者,反之亦然,无条件有朽的,但相对不朽的;或者采纳每一个都是相对地,也就是相对有朽的且相对不朽的。现在,这一矛盾可以以这三种方式被满意地避免。总之,因此,当这个问题被人们所检验与归结的时候,它能够被公式化为六种方式。

三

其中陈述了证明不朽的灵魂总数为一,而有朽的则为多数的方式,即忒弥修斯(Themistius)和阿威罗伊遵循的方式

现在列举出了这六种方式,明智的人接受了四种,同时,另外两种则消失了。这是由于没有人坚持非物质性的灵魂是多数的,而物质性的则只有一个。

这有很充分的理由，因为无法想象一个身体性的东西可以在如此之多具有区分的地方和问题上同一，而在其上者却可能是会毁灭的。同样，也没有人坚持，同一个东西是同等可朽及不朽的；鉴于没有什么东西能够由两个对立面所同等地构成，正如在《论天》第1卷文本条目与评注7，[①]《论生成》(*De Generatione*)第2卷的47，[②]《形而上学》(*Metaphysicae*)第4卷的23，[③]以及《汇编》(*Colliget*)第2卷[④]中所显而易见的那样。

故而，让我们挨个来考虑剩下的四种方式吧。首先，阿威罗伊[⑤]，还有我相信，在他之前的忒弥修斯[⑥]都一致主张理智灵魂(animam intellectivam)在其实存(realiter)中是与可毁灭的灵魂区分开来的，但在所有人中总数为一，而有朽的灵魂则是多数的。

---

① 参见 I 2，269 a 1—2，以及阿威罗伊的评论(*Opera Aristotelis*，Venice，1560，Vol. V，fols. 10^v 和 11)。译注：在拉丁文版的注释中，这个注释被分成两个注释，而在英译版的注释中，两个注释被合为一个注释，如前所述，中译版的注释格式亦以英译版修订后的注释为本，兹不枚举。

② ii 3，330 a 31ff.

③ x 7，1057 b 26ff.

④ *Opera Aristotelis*，Venice，1560，Vol，IX，fol. 17^v.

⑤ Avverroes，Commentary on the *De anima*，Book iii (*Opera Aristotelis*，Vol. VII，fols. 101ff.).

⑥ Themistius，*In libros Aistotelis de anima paraphrasis* (ed. R. Heinze，in *Commentaria in Aristotelem Graeca*，V，Part III，Berlin，1899)，p. 106.

现在，关于第一种说法的理由在于，既然他们看到亚里士多德证明了潜在或可能理智是无条件混合的且为非物质性的，在推论结果上也是恒定的，那么他每一句话都倾向于这一结论，比如，当一个人去检视《论灵魂》的时候，这一点就会显而易见，因为他们确证理智的不朽是无条件的。此外，不管怎样，他们进一步地看到感觉灵魂和植物灵魂必然地要求身体性的感官(organo)[1]来发挥它们的功能，正如上述引用的段落中所出现的那样，而这种器官必然是身体性的和易消亡的，他们总结认为，这样的一个灵魂是无条件有朽的。但是，既然同一个东西不能是无条件而绝对有朽的且不朽的，他们便被迫主张不朽的灵魂在其实存中是与有朽的灵魂区分开来的。忒弥修斯试图把柏拉图也放入这一观点并引用了柏拉图在《蒂迈欧》(*Thimaeo*)[2]中的话，这看起来很明显是对此观点的维护。现在，在所有人中有一个单一的理智，无论它被认为是积极的还是消极的(sive agens sive possibilis)，[3]它确然在逍遥学派中是一个有名的命题，即个体的多数性在同一种类中是不可能的，除非是指一种质料的量，就像在《形而上学》第

---

① 译注：本词按语境需要，有时译为“感官”，也有时译为“器官”。

② Themistius(同上)，他引用了《蒂迈欧篇》69c ff. 和 72d.。

③ 译注：或曰“主动的还是可能的、实现的还是潜在的”。

7卷[1]以及《论灵魂》第2卷[2]中所述的那样。甚至，还可以看到如何反对这种方式的诸疑问也在他们的书中还有他们后继者的书中被解决了。在此，我们只想简略地将一些仅仅是必要的方面带入论旨之中。

四

其中反驳了阿威罗伊的前述观点

尽管这一观点在我们的时代被广泛地接纳且几乎被通盘确信为亚里士多德的观点，可在我看来却无论如何不仅其本身是大错特错的；而且对于亚里士多德来讲还是陌生得不知所云、极端荒谬的。实际上，我想亚里士多德简直从未想到过这样的一派胡言，更遑论相信它了。

关于第一点，我打算不再介绍其错误的创新之处而是向读者引介那位伟大拉丁人圣托马斯·阿奎那在他本人著述中的荣耀，在《反理智统一》（*Contra unitatem intellectus*）、[3]《大全》（*Summae*）

① vii 8，1034 a 7—8.

② xii 2，1069 b 30；8，1074 a 33ff.

③ *Opusculum XV*，*De unitate intellectus contra Averroistas*，Opera omnia，ed. Fretté，XXVII，Paris，1875，311ff. 译注：即《论统一理智斥阿威罗伊学派》。

第1集、[1]《反异教》(*Contra Gentiles*)第2卷、[2]《论灵魂问题集》(*Quaestionibus disputatis de anima*),[3]以及许多其他地方。因为他确实如此明晰而细致地猛烈抨击了这一观点,以我判断,他没有留下任何未被触碰的地方,也没有遗漏对任何人所能提出更多代表阿威罗伊的问题的驳斥了。因为他驳斥了整个立场,并驱散且灭绝了它;以至于阿威罗伊派已然无所遁形,而只能抱怨以及诅咒这位神一样的至圣之士。

不过,关于第二点,我决心提出这些东西来印证我的信念。这一看法对亚里士多德来讲乃是陌生的,而实际上是由阿威罗伊所捏造虚构的一个怪物。首先,因为这样一个理智灵魂作为主体或客体,要么有一些活动全然独立于身体,要么没有。后者无法被主张,不然他将与他自己及理性相矛盾。他自己,因为在《论灵魂》第2卷评注12快到结尾的地方,他说道:"他这么说并不是指那出现在这一段表面上所看起来的意思,什么没有任何认识是无需想象力的;不然,质料的理智就会是可生成与可毁灭的,正如亚历山大所理解的那样。"[4]从这里可以很明显地看

---

① *Summa theologiae*, Part I, Question 76, Ariticle 2 (*Opera omnia*, *Editio Leonina*, V, Rome, 1889, 216 ff.). 译注:即《神学大全》。

② Chap. 73. 译注:即《反异教大全》(*Summa contra Gentiles*)。

③ Articles 2—3, ed. Fretté, XIV, 66 ff.

④ *Opera Aristotelis*, Vol. VII, fol. 8v.

到,根据阿威罗伊,理智的某些活动是全然独立于身体的。这也为理性所印证,因为理智不是由主体构成其存在的一种形式,故而并不为其存在而取决于主体,或故而为了其活动,既然活动在存在之后。不过,很明显,这个看法并非一致于而是相反于亚里士多德的观点,因为亚里士多德在所引《论灵魂》第1卷的末尾说道:"认识要么是想象力,要么不能无需想象力。"[1]并且,尽管他在那的说法是假定性的,但在《论灵魂》第3卷条目39中,[2]他无论如何都最清楚地说了,没有认识是无需幻象的(phantasmate)[3],而经验(experimento)也证明了这点。所以,不管怎样,根据亚里士多德,人类理智都不会有任何活动是全然独立于身体的,那是已被承认的观点的对立面。

就此看来,我没有别的答案,除了认为阿威罗伊的论证展示了人类认识,以及人因为这种理智而被称为有理解力的(intelligens)。从而也验证了它总是需要一些幻象这一点。现在,这在一个新的理

---

① i I, 403 a 8—9. 译注:因为关键词在中译中的出入,以及彭波那齐所截出的拉丁文引文与中译引文之间语法和构句结构之间的差异,这两个原因,故而中译选择直接翻译为主,并在必要之时参考借鉴秦典华或吴寿彭的译文,在翻译其他引文时,除了特别标注外,也以直接翻译彭波那齐这里的原文为主。

② iii 7, 431 a 16—17.

③ 译注:也可理解为幻想、心像。

智及其实现(adeptionem)之前是清楚了的,但在一个永恒理智及其自身实现之中,它也同样正确,既然,根据阿威罗伊,消极理智是被安排为通过其思辨习性来接受作为形式的积极理智的,这习性依赖于它们对感觉能力的保存,正如他在《论灵魂》第3卷评注39中说道:"如果理智为其本身所运用,那么它就决不依赖于任何的幻象。"[1]但是,虽然这说得很巧妙,可怎么看都一点好处都没有,因为,根据通常对灵魂的定义,灵魂是一个身体的物理性与感官性的行为,等等。故而,理智灵魂是一个物理性和感官性的身体的行为。那么,因为在其存在中理智是一个物理性和感官性的身体行为,由此,它在发挥其所有功能时,也便会依赖于一些器官,要么作为主体,要么作为客体。因此,它便不会完全免脱于某些感官。

就此而言,或许可以说,灵魂就像其他的诸理知(intelligentiis)[2]一样,而实际上,评注家(Commentator)[3]自己也在《论灵魂》第3卷评注19中主张,

---

① *Op. cit.* fol. 131.

② 译注:这里的"理知"(intelligentia 或 intellegentia)也可理解为理智、智慧、思想、智性,为避免与彭波那齐着重讨论的人之"理智"(intellectus)混淆,遂译为"理知"。

③ 译注:此处的"评注家"专指阿威罗伊,正如"哲学家"有时专指亚里士多德,而在容易搞混的地方,译者采用"那位评注家"或"那位哲学家"来表示专指义。

它是诸理知中的最低级者。[①] 而其他的诸理知，可以从两方面被考量：一方面是在它们自身中，而不是作为推动着一个天体的它们；而在这方面，它们不是灵魂，并且具有的活动也决不依赖于一个身体，正如认识与欲望（sicut intelligere et desiderare）[②]；但它们可以从另一方面被理解，作为天体的行为；而在这方面，它们与灵魂相当，实际上，甚至上述对灵魂的定义也适用于它们。因为在这一意义上，它们是一个物理性与感官性的身体行为，尽管那个定义用起来比较含糊，如评注家在《论灵魂》第3卷评注5中所言。[③] 因为天上星体的被驱动，就像是亚里士多德在《物理学》（*De physico auditu*）第8卷[④]、《论天》第2卷[⑤]和《形而上学》第12卷[⑥]中所主张的那样；尽管比较模糊，正如评注家自己在《天体的本质》（*De substantia orbis*）[⑦]中所云。故而，理智灵魂也

---

① *Ibid*. , fol. 112ᵛ.

② 译注：这里的 intelligere 也可以理解为思维、思想、认知。

③ *Ibid*. , fol. 112ᵛ.

④ Cf. viii 2, 252 b 24ff.

⑤ ii 12, 292 a 20ff.

⑥ Cf. xii 8.

⑦ Cf. chap. 2，见 *Joannis de Janduno in libros Aristotelis de coelo et mundo... quaestiones*, Venice, 1564, fol. 50。译注：在叶式辉翻译的哥白尼《天体运行论》（陕西人民出版社，2003年，第544—545页）中，其第1卷注释（133）将阿威罗伊的 De substantia orbis 译为"阿维罗斯的《世界的本质》"，疑误。

可以从两个方面被考量。一方面，作为诸理知中的最低级者，并且与其体域(*sphaeram*)无关，也就是人体。在这方面，它决不依赖于任何身体，既不在其存在中，也不在其功能中，由此也便不是一个物理性和感官性的身体行为。然而，它也可以在另一方面中被考量，在与其本身的体域相关的时候，由此也便是一个物理性和感官性的身体行为。故而也就不能免脱于身体，既不在其存在中，也不在其功能中。因为这一理性，作为人的形式，总是要求一些幻象以供其发挥功能，但并非无条件如此，如上所述。而且，在这一方面，习惯性的疑问可以被当作自然哲学家如何对待理智灵魂这一问题来解决，既然他在《论部分》(*De partibus*)第1卷第1章[①]中说了，这对待理智灵魂的事并不属于自然哲学家，因为它是一个推动者，而不是什么被推动之物，如是云云。那么，这就解决了，要我说，因为至今它是一个灵魂，那它就是某自然之物。实际上，自然哲学家们正是从这一角度来看诸理知的。不过，只要人类灵魂是一种理智，那么这就是形而上学家的事情，就像那些余下的更高级的诸理智(intellectus)一样。

可事实上，这个答案看上去在很多方面都有所

---

① 641 b 33ff. 译注：即《论动物部分》。

不足。首先,因为如果对于人类灵魂的判断等同于对余下诸理知的判断,那么在《形而上学》第12卷[①]中,当亚里士多德处理诸理知问题的时候,他就应该也彻底地讨论一下人类灵魂;可他并没有这么做。甚至,如果对于人类理智与诸理知的判断是相同的话,那么亚里士多德为什么在《物理学》第2卷评注26中,认为自然哲学家的领域之限制在于人类灵魂?[②] 因为如果亚里士多德理解这关乎灵魂的存有(quia est),那这就是错的。因为上帝和诸理知的存有为自然哲学家所证明,而且根据评注家本人,在《论灵魂》第1卷评注2[③]和《形而上学》第12卷评注36[④]中,神学家从自然哲学家那里接手了这些证据。不过,如果他说的是他们的本质(quid est),[⑤]那就很明显,根据已被给予的答案来看,这不属于自然哲学家的事,既然它是一个推动者,而不是什么被推动者。实际上,正如答案所言,这就是亚里士多德在《论部分》第1卷中上述所引章节[⑥]的意思所在。

---

① Cf. chap. 8.

② Cf. ii 2, 194 b 9ff.

③ *Op. cit.*, Vol. VII. fol. 5^{v}.

④ *Opera Aristotelis*, Vol. VIII, fols. 337—38.

⑤ 译注:quia 原义是"因为",而 quid 原义是"为什么"。在这里,quia est 的意语翻译为 riguardo all'esistenza,英译为 existence;而 quid est 的意语翻译为 riguardo all'eessenza,英译为 essence。

⑥ Chap. I, 641 b 33ff.

进而，说理智灵魂总共只有一个单独的能力，有两种理解方式，一种依赖于而另一种不依赖于身体，这也很荒谬。不然，它看起来就好像具有两种存在方式了。一种理知，即便是理智和灵魂，并且在其理解之时并不需要身体，可它还是会需要身体来致动，但在某个地方致动和理解是非常不同的功能。而且，理智被置放于灵魂之中，前者依赖于身体，而后者则是无条件绝对的。这似乎不能和理性相协调，既然这一种单独的功能，相对于同样的东西，似乎肯定是一种单独发挥功能的方式。

况且，要总数为一者能够在同时对同一客体具有几乎无限的功能似乎也是没有必要而令人难以置信的；但这就是随当前观点推论而出的。那个理智能够通过一个永恒的理智而认识上帝，并且通过一个和上帝相当的新理智，有多少人有这样的理智，也便都能够认识上帝。现在，这似乎像是一个纯然的虚构，从很多理由都可以看出来。然而，如果一种理知能够无需身体来认识，但不能在一个没有身体的地方致动，那前后就无甚矛盾可言了；既然认识和致动是非常不同种的功能，且一个是内在固有的，而另一个是过渡的，那么在考虑到理智灵魂的时候，完全的对立面就出现了。因为二者都是理智，又都是内在固有的功能。

其次，关于原则性的问题：如果根据亚里士多德理智灵魂是真的非质料的,就像评注家所声称的那样,既然这本身(per se)并不是立马可知,而是相反地极度值得怀疑的,那就应该有一些证明来说明这一点。不过,已经足够推论出其不可分性了,根据亚里士多德,它要么是一个器官性的能力,或者,如果不是器官性的,那么至少其活动的发生不能没有一些身体性的客体的帮助。因为他在《论灵魂》第1卷条目12中说过,无论理智是想象力,还是不能无需想象力,其分离都是不会发生的。[1] 既然,不管怎样,可分性是不可分性的对立面,而一个分割的肯定命题也与由两个对立面组成的一个联结的肯定命题相矛盾;那么如果不可分性足以表明,其不是作为在一个主体中的一个器官,便是在一个客体之上而依赖于器官,那么对于可分性来说,就同时要求既不在一个主体之上而依赖于一个器官,并且也不能在客体之上如此,至少在其活动的某个器官上如此。既然,不管怎样,这就是成问题的,阿威罗伊怎么能确信灵魂是不朽的呢,特别是亚里士多德都说了,一个人在认知之前是需要有一个心象的,而且每个人都在其自身之中经验到了这一点?

就此而言,或许可以说,对《论灵魂》第3卷[2]的

---

① i I, 403 a 8—9.

② Chap. 4.

论辩无条件地证明了灵魂是非质料的，因为它接收了所有质料的形式(quia recipit omnes formas materiales)。由此，可以严格地推论而出，它的活动可以全然独立，既然活动发生在存在之后。

不过，这似乎并不靠谱，因为亚里士多德的论辩预设了理智是由身体所驱动的，既然他说认识不过就像是感觉，而潜在理智是一种消极能力；进而，他说其推动者是一种幻象。但是，需要一种幻象的东西与物质并不可分，理由已经被给出了。故而，这一论辩证明的反倒是它是质料的，而不是非质料的。

但是，仍有可能可以这么说，因为理智不需要一个器官作为主体，所以它是无条件非质料的(这一论辩亚里士多德直接地在上述观点之后给出)。可这似乎并不能有所促益，因为要么这种情况是独自足以满足条件，要么就还需要另一个条件，即它不由身体所驱动。如果二者兼具，前面的论点便成立；如果一者独立，那么亚里士多德的判断便被摧毁了，既然他坚持要二者兼备。

然而，或许依然可以说，实际上只需要其中一者。因为需要作为一个主体的身体并不必然隐含着他是一个非质料性的能力或者反过来说的意味。因为无论如何，除了是非质料的，它也许有一些活动是全然独立的(因为，实际上，如果它是非质料的，那它就会有一些独立的活动，反之亦然)——既然无论如何，有可能除了有一个活动独立于任何客体之外，它还有一个活动是不独立的；更别说还有可能有人会想到，既然它有一些不独立的活动，那么它所有的活动就都会是不独立的了，于是，亚里士多德补充道："如果认识不是无需想象力的话"，那么它就在每个活动中都需要想象力，从而理智也就无疑是不可分的。

不过，这似乎并不能成立。首先，因为，不然的话，亚里士多德就会补充这个过剩的情况，既然另一者已经足以表明结论，那再去归咎于如此伟大的一位哲学家就是可耻的了。其次，因为，如果事实上理智在其所有功能之中都需要一些幻象，那就指涉了它是不可分的；这是不可能的，除非它被设想为感官性的，我指在其主体上是感官的。因为，根据所设想的，在其主体上是感官的可以与一个质料性的认知能力相转换；由此，在其主体上非感官者也可以与非质料者相转换。于是说总是需要作为一个客体的身体，就是说需要作为主体的身体；那么当他这样补充的时候，也就没什么新的可以再说了："如果认识不是无需想象力的话。"因为"是想象力"和"从不无需想象力"当然是可以相互转换的，一者就阐明了另一者。因此，这就像如果有人会说，如果苏格拉底不是一个人，或者不是一个理性动物，那么他就是不可教的。这一陈述对于亚里士多德的威严来说是多么可笑和陌生，我就留给其他人去判断了。

进而，当某物的真实性需要两种原因，且一者被解除而另一者留了下来的时候，那这留下来的一者，就是自证的，因为既然一种分离的真理足以让一部分的真实成立。可是理智不能分离于物质已经被证明了，既然要么是想象力，要么是不能无需想象力，这在《论灵魂》第1卷[①]中已然明晰。故而，如果我们不顾它是想象力，那么它不管怎样都会被证明是质料性的，倘若条件是它不能无需想象力的话。然而，根据设想那是错的，因为，据此，理智是不可分且非想象力的是不可能的，其对立面亦然，一个在其主体上是非感官者，且这可以与是一个非质料者相互转换，是错误的。

由此，无论何时，两种模式被加诸于任何不可分离者之上，这东西都可以无关紧要地与其中任一者相分开，或至少分离于其中一者，而其本身可以存留下来。比如，吝啬(illiberalitas)以两种方式出现，要么取道于贪婪(avaritiam)，要么取道于浪费(prodigalitatem)。因此，可以发现一个吝啬的小气鬼并不浪费，也可以看到一个吝啬的浪费人并不贪婪。因为如果它们不可分的话，那就没有这样两种模式的吝啬了，但它们又可以要么碰巧一致，要么必然联结

① i I, 403 a 8—9.

而非分离地存在于吝啬之中。因为，实际上，如果一个人不是同时浪费且贪婪就并非吝啬的话，那说浪费和贪婪对于吝啬来讲是需要的就会是不得体的，而应该说浪费和贪婪一起才组成了吝啬。那么，如果说灵魂的不可分性对于它是想象力或不能无需想象力来讲是充分的，那么要么这成立于其不可分的无需，要么就在于这些无关紧要的情况，或至少是限定于这些情况。如果是前者，那么这就会成立于理智是不能无需一些幻象的，且还不是想象力；同时，作为结果，它总是需要身体作为客体而非作为主体，而这与我们对手所承认的相矛盾。可如果是后者被确证的话，也就是说，限定于而非无关紧要地，既然它需要身体作为主体而非作为客体，那就什么都不能是了，由此它就会成立于它需要身体作为客体而非作为主体。是以其结果便与前者相同。

故而，根据设想，理智有一些活动全然独立于身体。既然这是成问题的，那它就必须为同样的一些特点所证明；而一个人不能想象任何能被证明的东西，除非那是非质料性的。但既然这与前者相比同样成问题，那也就需要证明。故而，一个问题在这当中出现了，即是否它并不同时作为主体与客体而依赖于身体，或它只是不作为主体而依赖于身体。前者不能被确证；原因在于要不然这就是对于此问题的规避，既然，意图在于证明理智在其某些活动中并不依赖于身体，我们就要设想它是非质料性的，并且，在证明其为非质料时，我们承认了在某些活动中，它并不依赖于身体。其次，因为在不设想理智作为在一个客体之上而依赖于身体时并没有折中可取；而实际上，《论灵魂》第3卷的第一个论证[①]证明了理智是非质料性的，因为它接收所有非质料的形式。现在，既然去接受这样的形式，那就需要有受动，正如亚里士多德在此所言，它就需要被一些身体性的东西所推动，并需要它自己作为客体。第二个证明是这些有理解力的种类并不在感官中被接受，而是在理智本身之中；由此，同前者一样，既然要这样接受，就要有所受动。我们必须随之规定另一个命题作为中项，亦即它不需要作为主体的身体，尽管它确实作为客体。但如果是这样的话，那为什么亚里士多德会唤起他的听众们的注意，在《论灵魂》的前言中指出“必须事先了解关于其活动的问题”，接着又补充说“如果认识就是想象力，或不能无需想象力，那就不可能是可分的”？

由此，为了证明可分性作为不可分性的对立面，我们必须同时证明它不是想象力，并且在一些活动中，它并不依赖于想象力；此外，作为结果，它并不依赖于作为主体或作为客体的身体，至少在某些活动

① iii 4，429 a 18ff.

中，是已被承认的对立面。这同样也为我们的对手所如此证明。对作为主体的身体的需要和成为一个质料性的能力是可以相互转换的；他们的对立面也是可以相互转换的，即对作为主体的身体的不需要和成为一个非质料性的能力。因为在《后分析篇》(*Posteriorum*)[①]第1卷中，如果一个确证是另一个确证的原因，那么一个否定就是另一个否定的原因。那么，为什么亚里士多德在证明质料性的时候补充说，除了想象力之外，便是不能无需想象力？他错误地把非原因当作了原因，既然质料性的原因是对作为主体的身体的需要。这也最显然地被再度证明了。因为对于非质料性来说，除了不需要作为主体的身体之外，它要么必然另外在任何限定的活动中不需要作为主体的身体，要么就不必然。后者不能被确证，因为有之前已经被认可的论证，既然不需要作为主体的身体和在限定的活动中不需要作为客体的身体是可以相互转换的。那么，既然物质性与非质料性相矛盾，则对于质料性来说，需要作为主体的身体或作为客体的身体都是足够的。要么就这些东西是可分的而言，因而是不可转化的，因为那与之前已经承认的论证相矛盾；或者它们是可分的，则凭借分离是无法推断的。但这就是亚里士多德所做的。

① i 13，78 b 20—21.

现在,一个终极推论是很明显了,即声明未分离的东西被证明是二择一而非连结的。因为在《形而上学》第4卷条目17中,①还有评注家在《论天》第3卷评注56中,②以及波爱修斯(Boethius)在《假言三段论》(*De sylogismo hypothetico*)中③说道:“一个选言疑问句其中的两部分都被证明为枉然而荒谬的。”并且,进而,一个连结的肯定命题会与一个由对立而非选言组成的连结部分相矛盾,而那显然是错误的。故而,除非我错了,不然,评注家、圣托马斯以及不论谁认为亚里士多德判定人类理智是真正不朽者都在与真理背道而驰。

而且,奇怪的是,亚里士多德会间或主张理智的认识无需任何幻象,并且虽然在任何段落中都说没有认识是无需一些幻象的。因为他不应该声明地如此之绝对。

第三,至于原则问题:根据评注家,我们应该将人类幸福置于潜在理智与其实现的联合之中,正如他在《论灵魂》第3卷评注36中所清楚表达的那样。④ 不过,这有多么没用、多么相反于亚里士多德

---

① Cf. x 5, 1055 b 37ff.

② Cf. *Opera Aristotelis*, Vol. V, fols. 223—24.

③ Cf. Book ii (in Migne, *Patrologia Latina*, Vol. LXI, cols. 873ff.).

④ *Op. cit.*, Vol. VII, fol. 129^{v}.

是不难看出来的。无用，因为，迄今的历史都告诉了我们，这样的联合直到现在也没有被发现。因此，人类这样的目标是枉然徒劳的，既然没有人能够实现它，没有；没有人能够实现它，既然为此目的所提供的手段是不能被掌握的。因为要任何人去认识所有事物都是不可能的，就像柏拉图在《理想国》(*De republica*)第10卷所说的那样，[①]就连所有可见的事物也不可能。实际上，一直到现在，也没有什么科学是被完美地认识了的，这从经验中就可以很明显地知道。而那与亚里士多德相反也是很显然的，既然在《伦理学》(*Ethicorum*)中，[②]他总结了人之为人的终极目的，他将其置于一种智慧的状态(habitu sapientiali)之中。也没有任何人能说那本书尚未完成，既然在那书的结尾处，他明确地终结并表示接下来继续讲的是《政治学》(*Politicorum*)。[③] 由此，我非常想知道，在什么时候，他将这种理智的连结归诸于了亚里士多德，鉴于后者可没有在任何地方这样主张过。不过，在《物理学》第2卷条目26处，[④]在他提到人类灵魂的地方，他说它们是多数的(multipicatas)。他这样说，实际上是为了表达："鉴于每个

---

① Cf. 598 c—d.

② x 7.

③ x 10.

④ ii 2, 194 b 11ff.

东西之所是的原因，并且就这些东西在物质上是分离的种类而言，因为人从物质中生成人，太阳亦然。”由此，可以清楚得知，他主张的不只是一，而是多。但就连结而言，既然没有这样的人曾被发现过，亚里士多德也从未对此有任何提及。因此，在我看来，这不只其本身是一个虚构，而且还相反于亚里士多德。

五

其中提出了第二种方式，主张理智灵魂在其实存中与感觉灵魂相区别，但在数目上则与其相一致

既然前述观点被当作不知所云而否决掉了，那么接下来就轮到了第二种方式。它同意前者之处在于，认为理智灵魂在实存中与感觉灵魂相区别，看到矛盾对立面不能真正地基于同一个东西；但它不同于前者之处在于第二个方面。因为它认为理智灵魂的数目与感觉灵魂的数目相一致。苏格拉底不同于柏拉图，正如这个人不同于那个人；但他是这个人只是由于他的理智，正如阿威罗伊在《论灵魂》第 3 卷评注 1 所认同的那样。[1] 故而，苏格拉底的理智和柏拉图的理智不一样。不然，如果两个理智都是同

---

① *Op. cit.*, Vol. VII, fol. 94^{v}—95.

一个，那么两人就会有一样的存在和活动了；可还有什么想法能比这更蠢呢？

不过，那些认同于这种看法的人在他们自己那里也是有差异的。他们中的有些人认为灵魂相关于一个人就像一个推动者之于一个被推动者，而不是像形式之于质料。并且，这似乎曾是柏拉图的看法，他在《阿尔喀比亚德前篇》（*Primo Alcibiadis*）中说道："人是一个使用一个身体的灵魂。"[①]这一点好像也符合亚里士多德在《伦理学》第 9 卷中所说的话："人是一个理智。"[②]然而，其他人则断言了对立面，说灵魂相关于一个人就像形式之于质料，而不只是一个推动者之于一个被推动者；或者更正确地来说，人是一个灵魂与身体的复合物（compositum），而非一个使用一个身体的灵魂。而他们所引证的确定的其他东西，就我们的目的来说，并无谈论的必要。

六

其中前述观点被驳斥

现在，这种方式既被圣托马斯于《大全》第 1 集[③]

① 129 e.

② Cf. ix 4，1166 a 22—23.

③ Question 76，ariticle 2.

中的相关部分所驳斥，也在许多其他作品中被驳斥，而且在我看来，这些论证是充分而明晰的。因为如果人不是由质料与形式所构成，而是由推动者与被推动者所构成的话，那么灵魂和身体就不会是什么比牛和犁更好的联合。此外，许多其他不方便的结果也随之而至，而他也做了引证。再说，设想在同样的复合物中的一个实质形式的多元性，就像第二部分所断言的那样，似乎对于亚里士多德和很多逍遥学派的人来说也是陌生的。不过，我要举出两个理由，表明以上的所有理解方式对我来说都似乎离真理与亚里士多德太远太远。

第一，这似乎有悖于经验。对于现在写下这些话的我来说，我被身体的诸多痛苦所困扰，而这些是感觉灵魂的功能；同一个遭受折磨的我为了消除这些痛苦而检查它们的医学原因，这不靠理智是做不到的。然而，如果我所感到的本质不同于我所思考的，那么我感到的我是谁，又何以可能同一于我所思考到的我是谁？那样的话，我们就可以说是两个人结合在一起而具有共同的认知了，这是荒谬的。再说了，这种信念离亚里士多德有多远，也是不难看出来的。因为在《论灵魂》第 2 卷，他将植物灵魂放在感觉灵魂之中，正如三角形在四边形之中。[①] 不过，

① ii 3，414 b 31—32.

显然,这个三角形在其实存中不是作为什么区别于四边形的东西而在四边形之中:对于一个三角形来说,是潜在的就是对于一个四边形而言是实在的。故而,既然对于亚里士多德来说,感觉灵魂以同样的方式在有朽者中相关于理智灵魂,那么感觉灵魂就不会是什么区别于理智灵魂的东西。是故,在我看来,阿威罗伊的第一种方式和这两种方式都是真理与亚里士多德的反面。

七

其中提出了一种方式断言有朽者与不朽者在人的实存中是相同的,但其本质是无条件不朽而相对有朽的

既然那种认为理智的和感觉的灵魂在人的实存中是有区别的方式已经得到了彻底的驳斥,那么剩下来的就是认为理智的和感觉的灵魂在人这里是一样的那种方式了;而且,尽管这可以以三种方式被理解,正如先前所言,仍然只有两种是合理的。

现在,一种是认为不朽在人之中是无条件的,但有朽则是相对的。并且,尽管根据分类的本性(naturam divisionis),这种方式可以被分为两种,要么在所有人中总数为一,要么数目为多,因人而异;然而,

既然没人坚持第一种方式，我们就应该排除它，并只讨论第二种。虽然很多非常有名的人持有这种观点，不过，因为在我看来圣托马斯①将这一点陈述得最为全面与清晰，所以我将只引用他说的话。我把他的观点按顺序理解为如下五个命题：

第一，理智的和感觉的在人的实存中是相同的。

第二，这个灵魂是真正无条件不朽而相对有朽的。

第三，这样的一个灵魂是真正的人的形式，而不只是作为推动者而已。

第四，这同一个灵魂的数目和个体的数目相一致。

第五，这种灵魂的实存以身体为开始，但其来源不在上帝之外，而只由上帝所生产（producitur），实际上不是凭借生成（generationem），而是凭借创造（creationem）；无论如何，它不会因身体而停止，且从那一时刻起便永恒。

第一个命题据上述所论看来是很明白的了，不仅是因为很多实质形式不能存在于相同的主体之中，而且也是因为认识与感觉的本质似乎是同一个以及在有朽者的感觉灵魂存在于理智灵魂之中，正

---

① Cf. *Summa theologiae*, Part I, Question 75 and 76 (*op. cit.*, pp. 194ff.).

如三角形存在于四边形之中。

但是,第二点,致力于说明一个灵魂是真正不朽而相对有朽的,其阐述的方式有许多种。而首先,主要的是亚里士多德的论辩,在《论灵魂》第3卷中,①因为如此这般的一个灵魂②对于所有质料的形式来说是可接受的;但这种类型的都不能是质料的,如亚里士多德在那提出的一样,既然接受者必须去除被接受者的本性。这个命题也为柏拉图在《蒂迈欧》中所承认,③而正如阿威罗伊关于《论灵魂》第2卷所言,④这已经在物质和精神的行动中被普遍证实。比如眼睛,可以接受颜色的种类,必须没有颜色,这对其他感觉来说也普遍如此。其次,因为如果理智是质料的,在其中接受的形式就会被理解为潜在的;那么,它要么是不可知的,要么就是只能知道殊相了。再次,因为那样的话,它就会是一个感官能力,由是而会为某一特种的存在者(certum genus entium)所限制,或起码是受限于一种独个单称的模式(modum singularem);因此,它就会要么不能认识一切,要么就不是以一种普遍全称的模式去理解。这

① Iii 4, 429 a 15ff.

② 译注:"如此这般的一个灵魂"也可以理解为"这样的一个灵魂本身"。

③ Cf. 36 e—37 a.

④ *Op. cit.*, fol. 96.

也无可争议地为其迹象(a signo)所证明。因为欲望的模式自然地追随认识的模式;但理智理解共相,而那是永恒的,于是意志便同样会欲望永恒者。现在,这样的欲望是自然的,既然所有的意志都力争永恒。但一个自然之欲不会是徒劳的,因为在《论天》第1卷中说过,[①]神和自然不做任何徒劳之事。由是也便证明了理智是无条件不朽的。亚里士多德关于这一点也讲得非常清楚而更不必别的什么阐释者了,因为他在《论灵魂》第1卷、第2卷和第3卷中[②]主张理智与任何身体都可分且并非其行为。在同样探讨了积极理智的那个部分中,他说积极理智是真正非质料的,因为潜在理智是这一类的,而积极者要高于消极者。他也在《论部分》第1卷第1章[③]和《论动物生成》第2卷第3章[④]中做了同样的判断。但这一类灵魂的相对有朽可被两个理由所阐明。首先,既然这一理智性的灵魂也是感觉性的与植物性的,如果它们与理智性的灵魂可分,那就是可败坏的。由是,理智性的灵魂其自身不是有朽的,只不过是包含了一定层面上的有朽而已。其次,既然人类灵魂除了借助于一个易腐坏的工具之外,并不运用感觉

---

① i 4, 271 a 33.
② i 4, 408 b 29—30; ii 2, 413 b 24 ff. ; iii 4—5.
③ Cf. 641 b 4ff.
④ Cf. 736 b 27ff.

性和植物性的功能。那么它自身就不是有朽的而是因为这样的一些功能和工具才会有朽罢了。

第三个命题,它是人的形式,从对灵魂的普遍定义中也可以明显看出,因为它是一个物理性身体的行为,等等,并且这据我们所知乃是原则,正如亚里士多德所清楚证明的那样。

现在,第四点随第三点而来。因为如果理智灵魂是人之为人的形式,且在所有人中总数为一,那所有人的存在和活动就会是一样的了,正如之前已被证明以反对评注家所说的那样。亚里士多德也在《物理学》第2卷条目26中,[①]明确地坚持它们是多数的,一如先前所述。

然而,第五点的产生,很明显,不只来源于《物理学》第2卷条目26:“既然太阳和人生成人”,而且既然,根据第三个命题,它是“人之为人的形式”,[②]以及《形而上学》第12卷条目17中说,“形式与此同时开始作为其形式”。[③] 还有在《论动物生成》第2卷第3章,[④]他在那里说,理智的来源并非外在;但其成为存在并不凭借于生成是很显然的,既然通过生成的产生是质料性的且易腐朽的。不过,在命题二

---

① ii 2, 194 b 12—13.

② ii 2, 194 b 13.

③ Cf. xii 3, 1070 a 23—24.

④ 736 b 27—28.

中已经证明了灵魂是非质料性的且不可败坏的。它实际上是由神所为是很明显的了,既然它不是凭借于生成,那就必须是凭借于创造,而神的独自创造是在其他地方证明的。这也可以在《论动物生成》第2卷第3章的段落中看出,在那里,他说:“只有理智的存在是神圣而不朽的。”[1]那么,它在死后犹存,既然它是不朽的,就是明显的了。随之而来的是亚里士多德在《形而上学》第12卷条目17中的话,[2]既然他说没有什么能够阻止理智在死后犹存。于是,全部论点至此已然被清晰阐明了。

八

其中就前述方式发起怀疑

对这一论点的真理,我是毫不怀疑的,既然在正典中(cum Scriptura canonica),这一论点为神所给予并批准,而这不论如何都是必须优先于任何人类理性与经验的。但就我作为主体所要怀疑的是,是否这些命题超过了自然的界限,所以它们是预设了某些来自于信仰和启示之物,并且是否它们与亚里

---

① 736 b 28.

② Cf. xii 3, 1070 a 24ff.

士多德的话相一致,正如圣托马斯所宣称的那样呢?作为对我来讲如此伟大的一位博学多识的博士的权威,不仅是其神圣性还有其对亚里士多德的阐释而言,我是不敢确证认为反对他的东西的。我所说的仅仅是提出怀疑的方式,而不是什么断语;何况或许他最博学多识的继承者们会向我揭示真理。那么,关于他的第一个命题,我没有疑问,在人的实存中,感觉的和理智的灵魂是一样的。但其他四点于我而言则大可怀而疑之。

那么,第一,这样的一种本质是全然真正不朽的,但不全然而相对有朽。那首先,靠着圣托马斯用来证明这一点的同样的理由,也可以证明其对立面。因为从这一事实中可以看出如此这般的一种本质接受所有质料的形式,而被接受在其中者被理解为实际的,它不运用任何身体的器官,且追求永恒和天上的东西,并被总结为是不朽的。但相等的是,当它如植物灵魂一般质料性地运作时,它并不接受所有的形式;当作为感觉灵魂时,它运用了一个身体性的器官;并且追逐短暂与易腐朽的东西;而这些事实会证明它是真正无条件有朽的。但是,根据至今所知而言,它是相对不朽的,不只是因为理智,在没有加入物质的时候,是不会败坏的,而在加入物质的时候是会败坏的;还因为在这样的一个活动中,它并不运用任何身体性的工具。所以,就连圣托马斯也说，在这样一种方式中，它是偶或与相对质料性的。因为对这一结论的论辩似乎并不强于另一个结论。

第二，因为既然在这一本质中有一些东西暗示了它是有朽的，一些则暗示了它是不朽的，而既然更多的东西都趋向于有朽性而非不朽性，且在《物理学》第1卷和第6卷中有言道："这一名目来自于比它更伟大的东西"，[1]它与其被称之为不朽的，倒不如必须被称之为有朽的；并且不只是必须被宣称，而且是根据实际的事实被如此宣称。

现在，该假设被证明如下。因为如果考虑人的能力的数目，我们仅发现两种与不朽性有关的证据，即理智与意志；但感觉性的和植物性的灵魂的能力却不可胜数，而它们则都是有朽性的证据。

由此，如果我们检视一些可居住区，就会发现很多人更像是禽兽而非人，并且在可居住区中，你会发现有理性者(qui rationales sint)是最稀少的。在有理性的人之中，如果我们会考虑的话，即便他们也可以被称作本质上非理性的；他们在和最像禽兽的人相比时，才被称为理性的，正如在讨论女人时，没人是贤明的(sapiens)，除非与其他最愚昧的人相比。

---

① Cf. i I, 184 b 10—11; vi 9, a 23ff.

进而，如果你检视认识本身，特别是与神相关的认识——为什么与神相关？——不，即便是与自然事物相关的认识，以及属于感觉的认识，就会发现，那是如此之模糊与微弱，以至于真正应当被称作一种关于否定与意向的双重无知，而非认知。另外，人们在理智上所花的工夫是如何之少，而在其他能力上所花的工夫又是如何之多！由此，真正说来，这样一种本质是身体性的和可败坏的，很勉强地可以说是理智的影子。这实际上似乎就是为什么在如此成千上万的人当中，极难发现一个人是致力于研究与理智相关事物的原因所在。

这一原因实际上是自然的，因为其作用是自然的；因为向来如此，尽管多多少少随时沉浮。这一原因，我说了，因为自然本性的缘故，人的实存就是感觉多于理智、有朽多于不朽。这很明显的另一点在于，很多人在定义人的时候把有朽作为差异。如果，我看，你会考虑这些因素的话，对立的观点就比圣托马斯的观点更接近真理。

第三，反对这一立场的论辩认为，灵魂的不朽并非是一下子就能知道的；那么问题就来了，就像阿威罗伊曾说过的那样："有什么证据能够表明那是可知的？"要么来自于其活动无需器官的事实，更精确地说，是作为主体，或需要其他增添的东西。第一点不能被认证，根据亚里士多德，他自己在《论灵魂》第2

卷条目 12 中所言。[1] 因为推论出不可分性就足以表示需要在以下两种可能性中二择一,要么其活动是在主体之中,要么其所有活动都需要作为客体的身体。既然他说"如果是这样的话,认识要么是想象力,要么不能无需想象力,要分开是不可能的",那么可分性就同时需要两种条件,因为一个连结的肯定命题相反于一个由对立部分组成的分割的构成命题。故而,对于人生来说,灵魂若是可分的,那它就必然既不需要作为主体的身体,也不需要作为客体的身体,至少在某些活动中如此。但这怎么知道呢?既然亚里士多德也说了,"认识者必须事先具备一些幻象",[2]而且凭借经验,我们知道我们总是需要幻象的,正如当每个人在观察自己的时候,以及正如一种伤害之于感官所证明的那样。此外,在相关于灵魂不朽的问题上,一切被印证来反对评注家的话也都相反于这一论点,就算他们同意这一点,他们之间也是大异其趣的。

第四,论辩如斯:如果人类灵魂的所有活动都依赖于某些感官,那它就是不可分的且是质料性的;而是在其所有活动中都依赖于某些感官;所以是质料性的。大端来自于《论灵魂》第 1 卷,其中,亚里士多

① i I, 403 a 8ff.

② Cf. *De anima* iii 7, 431 a 17.

德说道："如果认识是想象力，或不能无需想象力，那它就不可能被分开。"①小端来自于对灵魂的普遍定义："它是一个物理性和感官性身体的行为。"②

不过，关于这一点，或许可以回应说人类灵魂，当关乎理智之际，并非一个感官性身体的行为，既然理智不是任何身体的行为，那么就只有在关乎感觉性和植物性灵魂的时候才可以这么说。不过，这好像并不能成立。首先，因为那样的话，理智性灵魂就不会是一个灵魂了，既然这样就不会是一个身体性和感官性身体的行为的话，那就与亚里士多德相悖，因为他主张这定义是通用于每个灵魂的——这甚至可以说是托马斯本人对所有灵魂的明确论述。其次，因为如果理智灵魂即便是为了感知而需要某些感官器官，只要它还是一个灵魂，它就会感知，或能感知，这似乎明显是错误的。随之而来的结论是，既然要定义成立，那定义中的一切也就都得成立。再次，因为根据托马斯本人在(《大全》)第1集③及《反异教》第2卷④的说法，诸理知不是天体的形式，因为如果它们是的话，它们就会坐落于极度需要一个身体以便认识的位置之上，就像人类灵魂那样。故

---

① i I, 403 a 8ff.

② *De anima* ii I, 412 a 19ff.

③ Cf. Question 51 (*op. cit.*, pp. 14ff.).

④ Chap. 51.

而,如果人类灵魂是一个感官性身体的行为而关乎感知的话,这是为了其自身的认识考虑;故而,在其所有的认识中,它都需要想象力。但是,如果是这样的话,它就是质料。因此,理智灵魂是质料。

不过,关于这一点,或许可以回应说,理智灵魂不必要总是在实际上依赖于一个感官器官,即便一个感官器官是被包括在其定义之中的;只要说这么做是它的倾向(aptitudine)就充分了,正如向上运动是对光的定义,即便光并不总是上行,但只要它是如此运动,或能够如此运动,也便充分了。

然而,这一答案在很多方面都有所不足。第一,因为如果倾向自身在定义中充分的话,那么就可以说某物是一个人,但实际上又不是一个理性动物。因为这也是充分的,根据这个答案,那这在倾向之中便是如此。第二,既然可以说,如果灵魂在倾向上依赖于想象力,那它就不论如何都会是不可分的和质料性的,即便它实际上并不总是如此依赖。

从这些点来看,或许可以说,那个定义并不正确,它更像是一种描述或特征。第二点认为因为不可分性的缘故,所以它在倾向上依赖于身体还是不够,因为事实上作为可分与非质料性而实存者可以依赖于一个身体;但如果它实际上总是有所依赖的话,它就从来不能无需一个身体而实存,那么它实在就是质料了。

不过，这些说法似乎没有一个是靠谱的。第一，因为都说那两种确定的定义是由灵魂所确定的，一个凭借着形式因，而另一个凭借着质料因，凭借着一个可以证明另一个。第二个说法也好像在很多点上都不充分。首先，因为如果人类灵魂有两种认识的方式，一种通过幻象，而另一种无须幻象，那么一个非质料性的本质就应当是由一个质料性的东西所推动的，而这似乎是非理性的。故而，即便在神学家(theologos)之中，也产生了灵魂如何能被身体性的火焰所折磨的疑问。第二，因为如果一个分离后的灵魂对其身体具有一种倾向的话，那么它就会要么与其复合，要么不再复合。如果是前者，那么，我们必须回到德谟克利特(Democriti)的观点，他主张轮回观(resurrectionem)，或者回到毕达哥拉斯(Pytagoram)的观点，他主张灵魂在不同的动物之中移居，而这一观点的方方面面都受到了驳斥正如其方方面面都是错误的一般。但如果后者被确证的话，那这就与自然的秩序相矛盾了。因为在《物理学》第 8 卷条目 15 中，[①]亚里士多德反驳了阿那克萨戈拉(Anaxagoram)的立场，后者认为世界的存在不是无限的，并且有一个较晚的开端。因为自然的发展要么有一种方式，要么就有多种。即便是有多种方式，

---

① Chap. 1ff.

它依然是以有序的样式来发展的。但是,对于无限来说,有限并没有秩序或比例可言。由此,如果灵魂在无限的时间上与身体结合,而在有限的时间内与之分离的话,自然的秩序将难以为继。第三,因为这样不同的作为结合与分离的存在方式,以及这样不同的作为通过幻象和无需幻象的活动方式,看起来似乎是在为一种本质的多数性而辩护。

然而,当这种方式被拒斥的时候,就没有任何证明在任何事物之间的特定多数性的方式了。在《动物志》(*De historiis*)第6卷第24章中,[①]亚里士多德说叙利亚(Syria)的母骡子能够生育后代,尽管它们是如此极度地与我们的母骡子相像,以至于几乎难以区分二者,但它们终究是不同种类的(eiusdem generis),因为它们有着如此不同的一种繁殖方式。而且,他的《论动物》(*De animalibus*)[②]通篇似乎都在确定这一点,即从腐化作用(putredine)中生殖出来的与从种子(semine)中生殖出来的并非同样(eiusdem rationis),就像阿威罗伊曾确证的那样,而阿威

---

① 577 b 23ff. 译注:《动物志》的拉丁译名全名为 *De historia animalium*。

② 译注:《论动物》(*De anamalibus*)包含了三个部分,即《动物志》(*De historia animalium*)、《论动物部分》(*De partibus animalium*)、《论动物生成》(*De generatione animalium*),但并不包括《论动物运动》(*De motu animalium*)与《论动物行径》(*De incessu animalium*)。

罗伊在《论睡眠》(*De somno et vigilia*)[①]的结尾也表达过同样的意思:“如果有任何人的认识方式与我们不同的话,他们就不会和我们是同一种类的了(non essent eiusdem generis nobiscum)。”

第二种说法,如果灵魂总是与幻象结合的话,它就会是质料了,似乎说得也不是很到位,因为,就像在某一确定时间的结合并不会毁灭质料性,那么总是结合当然也不会了;正如哲学家在《伦理学》第1卷中反对柏拉图时所言:“时间的长河不会毁灭种属(speciem)。”[②]这已被证实,因为一种理知(intelligentia)在推动其天体时总是依赖于一个身体,并且尽管如此依赖,却又仍然是非质料性的。由此,理智亦然;假设它总是与一个身体相结合,那也不能推出它是质料。但是,或许可以说,这对于一个理知而言是正确的,因为其身体是永恒的,但人类理智有的是一个会腐朽的身体;所以要么,当身体被毁灭时,它不会独存,这与假设相矛盾,要么,如果它能存在的话,它就没有活动,因为它没有幻象,而根据假设不可知,所以便是无功能的了。

可是,这一说法似乎并不能被合理地确证。首先,因为这推论似乎并不合逻辑。因为即使分离后

---

① 译注:英译本将 somno 写成了 sommo,疑误。

② i 4, 1096 b 3ff.

的理智不会被一个已经毁灭了的想象力所推动，那什么能够保证它不会依然被现存的想象力所推动呢？既然它们都是同样的，而且也不在任何地方(loco)，那么距离当然也似乎不能保证了？这一点尤其特别，以至于诸多如此具有分量的神学家们都确证天使和分离后的灵魂被在它们之下者所推动。然后，演绎的结果认为分离的理智是无功能的，这好像也不合适；因为，当两个对立面在任何事物中自然固有之际，没有必要认为这两者必须在所有时间中都内在固有。的确，那是不可能的，正如睡眠与觉醒自然地内在固存于一个动物之中，而比如觉醒，适合于白天，但睡眠则适合于黑夜。由此，一个结合的灵魂会知道，但一个分离的灵魂则会无功能。然而，如果说它不适合在很短的时间内活动，且在一段无限的时间内没有功能，这个答案就会毁灭其本身。因为如果在一段无限的时间内分离，它知道，且随后无须幻象，但在一段很短的时间内有幻象，那么当然它的认识无须幻象是比需要幻象更为自然的。由此，在对灵魂的定义中，声称它是一个物理性与器官性的身体行为等等，就是不合适的。

第五，因为这样的一种本质是真正感觉性和植物性的。故而，要么在分离后它有实施其功能的能力，要么没有。如果是后者，这似乎与自然相矛盾，因为对于所有永恒性而言，它应当被削弱，并被全然剥夺,除非是诉诸于德谟克利特的轮回或毕达哥拉斯的寓言(fabulas)。然而,如果它有这种能力的话,既然它缺乏借以实施其适当功能的能力,那么那些能力又一次枉然了,而亚里士多德对此几乎也从来都没承认过。

第六,这样的一个灵魂更真正地应当被称为相对非质料和不朽的,以之前已被阐明的样式,出现于哲学家自己的《论灵魂》第3章论积极理智的章节中。[①] 在那里,他说过理智同时是分离的与不朽的,随后又说,"这一个"——即积极理智——"真正地存在着,它是不朽并且总是在认识之中,但那一个"——即潜在理智——"则不然,既然它时而认识,时而并不认识"。当某物在它之中被毁灭时,它就被毁灭了,因为它与物质相结合;因此,它在感觉灵魂的解构之际而被毁灭。故而,它本质上就是可败坏的,但相对上是不可败坏的,因为不与物质相结合的理智是不可败坏的。于是乎,这些点便引发了我对第二个命题的一些疑问。

第三个命题认为这样一个灵魂是真正的人的形式,而不仅仅是推动者。但如果它被确证为非质料性的,如他自己所言,这似乎是未知的。因为这样一种本质必然是个体的(hoc aliquid)和自我持存

---

① Cf. iii 5, 430 a 22ff.

的。那么,既然这样一种东西作为物质的行为不是一种实质(为什么是,quod est),而是一种本质(为了些什么是,quo aliquid est),[①]正如在《形而上学》第7卷中所显示的那样,它如何可能是物质的行为与完善呢?[②] 但要是这么说的话,这对于理智灵魂是特有独具的,这样说是非常可疑而随便的。因此,阿威罗伊主义者们也可以说,理智灵魂是一种赋予存在的灵魂,而非仅仅是活动。据他们说来,阿威罗伊本人相信的是其对立面。这也会在关于复合存在者的问题上产生一个困难,它被认定为与灵魂的存在有所区别。那是什么存在而它又如何被毁灭?尽管他们对此说了很多,但我想坦白的是,我只闻其言,而不明其意。但是,柏拉图[③]在我看来则说得睿智得多,在认定灵魂不朽之际,他说,“人其实是一个使用一个身体的灵魂”,而非“一个灵魂和身体的复合物”,而且“更应该说是其推动者”,也就是身体的推动者,“而非其形式,既然灵魂是其真正之所是,并且真正地实存着,而且能够设

---

① 译注:quod est 的英译为 substance,意语翻译为 qualcosa di esistente per sè,即“其本身作为什么而实存”或者化用为“自在之物”;而 quo aliquid est 的英译为 essence,意语翻译为 la condizione per l'esistenza di qualcosa,即“关于什么存在的境况”。

② Cf. vii 6.

③ *I Alcibiades* 129 e.

想一个身体被从中被剥离而出”。在我看来，圣托马斯是不会不这样说的。

第四个命题是关于灵魂的多数性的。这对我来讲也是不能没有更少的疑问了，既然在《形而上学》第7卷条目49中，亚里士多德说这样的多数性通过物质而发生。[①] 而有些人说，灵魂通过它们对不同物质的倾向而有所差异，或者认为，亚里士多德说的那种个体性原则可以被称作物质，这一切在我看来都是盘根错节的、为支持这一立场才有的新发明，无论如何都绝非亚里士多德的观点。那么，以这种方式，我们还可以在一个相同的种类中使理知多数化，不，是使上帝多数化。这有多么疏远于逍遥学派，我留给其他人去考虑。尽管也有些人同意这一点适用于理知，但拒斥了这一点适用于上帝，并举证了为什么上帝是不能多数化的，能确定的是亚里士多德既没有设计，也没有见过那种论证，上帝知道这些在亚里士多德的哲学中占了几斤几两；但这仅为上述论证所支持。再说，因为，根据亚里士多德的原则，世界是永恒的，人是永恒的，既然“阳光和人生成人”，这出自《物理学》第2卷，[②]还有第8卷，“人总是由人所产生”。借此，要么就有一种真正的无限，但他

---

① Cf. xii 8, 1074 a 33—34.

② ii 2, 194 b 13.

在任何地方都对此表示了明确的拒绝,要么就只得求助于毕达哥拉斯式的寓言,而这是要被当作错误来拒斥的,或者是德谟克利特的轮回,这也已经被说明没有办法更愚蠢了。

第五个命题也好像不能更不充分了。因为它断言了理智灵魂是被重新生产的,这个我们实际上是认同的。可又说它不是通过生成而是通过创造而生产的,这就好像有违亚里士多德的话语,既然他从未提到过如此这般的一种创造。实际上,如果他有这样断言过的话,那当他在《物理学》第 8 卷[①]致力于证明世界从未有过开端的时候,他就显然犯了肯定后件谬误(fallaciam consequentis)[②],既然他只证明了单种的真正的生成。不过,如果除了生成之外,他还主张创造的话,那他就应该来证明并非通过创造这一点,可他根本就没有做这件事。显然,他是犯错了。

同样,要进而补充的一点是,它是由上帝在瞬间创造的,这好像也有违于亚里士多德,既然他断言神并不对这些等而下之的事物起作用,除了通过直接原因之外,那这便是本质的秩序。

更有甚之,还要进而补充的是,灵魂从那时起便不会停止,这好像与亚里士多德的意图全然矛盾。

---

① Chaps. 1ff.

② 译注:以确定的结果推敲原因,犯了混淆因果的谬误,因为一个结果可以由各种不同的原因造成。

首先，因为一切不可败坏者都不是生成的，在《论天》第1卷条目125中，[①]他证明了它们的可转化性。但是，根据已被承认的理智灵魂是不可败坏的，故而是非生成的，它从未有过开端，也就是已被承认的对立面了。但对此的回应是拒绝最后的结论，即“它从未有过开端”；随之而来的推论是，它从未有过借助于真正生成的开端。但这明显与文本相矛盾，正如我在阐明那个段落时所已然标注的那样。因为亚里士多德说，“我将非生成的称作为且关乎于那说它不是从来都是不正确者（*ingenitum voco quod est et numquam fuit verum dicere quod non fuit*）”。那么，如果理智灵魂如同哲学家在那所言是非生成的，那说它不是就从来都是不正确的。因为，如他所显白地表示的那样，他的意思是那被生成的是不只具有其生成的真正原因并且还有无论什么它所开始成为的，它以无论什么方法开始，也就是说，他指可转化者具有成比例的可败坏者在其之内；所以他这样来说非生成者和不可败坏者。而且，更非凡的是，亚里士多德能够举证出如此之多且强烈的论辩，而从未将理智灵魂排除在外。他应当会为他所犯错误给出很好的原因才是。

而且，他进而说，灵魂在死后留了下来，尽管亚

① i 12, 282 b 5ff.

里士多德没有提到过,但这似乎过分奇异,既然亚里士多德,作为一名在《诗学》(*Poesi*)、《修辞学》(*Rhetoricis*)以及其他作品中都如此用功于自然本性的检验员,会用功到如此程度但却忽略了如此重要的一个事情。

此时,因为在《伦理学》第1卷[①]中,他似乎断定了死亡之后没有幸福;不,更有甚者,圣托马斯,在《伦理学》第3卷讲座1[②]中,亦即原文"任何人都应该选择死亡,而非犯下更大的罪行",关于亚里士多德如何确信这一点似乎有疑问,其中说亚里士多德认为这是因为在死后荣耀留了下来,或因为他判断在短期保持美德的行为比过着长期保持恶德的行为更好。现在,如果圣托马斯相信亚里士多德坚持不朽性,这些原因就一个都不能适用了。因为这立马就是清楚的:因为一个未来的状态。因此,神佑的托马斯非常想要明白,既然亚里士多德认为死后只有虚无,他又为什么想要每个人选择去死而非以一种邪恶的方式活着。因为他本人也在《使徒信经评注》(*Expositione Symboli Apolorum*)中谈及肉体的复活:"除非我们期望能再度起身,不然,一个人就应该选择犯下随便什么罪行而非去死。"进而,正如曾经

---

① Cf. chap. 11.

② Lectio 2 (ed. Frettè, XXV, 325).

说过的那样,奇怪的是,亚里士多德居然没有提到这种时候的状态,也没有承诺去说明这一点,而这有违于他的习惯。甚而,他应该要么去断言这种复活,要么设计过毕达哥拉斯式的寓言,要么不给这种非常尊贵的存在留下任何的功能;一切的一切都好像离那位哲学家非常远。无论如何,这里说的这些东西并不会相悖于如此伟大的一位哲学家(一只跳蚤又何以与一种大象相对抗呢?),而只是出于学习的欲望罢了。综上,这就是原因。

九

其中提出第五种方式,即灵魂同样的本质是有朽的且不朽的,但是,是无条件有朽而相对不朽的

那么,既然第一种方式断言理智灵魂在实存中与有朽的感觉灵魂是不同的——这种说法的所有样式都已经被驳斥过了;而第二种断言理智的和感觉的在实存中是相同的,并且这种灵魂是无条件不朽而相对有朽的——这种说法极度值得怀疑,且似乎并不与亚里士多德相符,那么剩下的就是来确认最后一种方式了,即主张在人之中感觉的与理智的是同一的,认为这种灵魂本质上是真正有朽的,但相对而言是不朽的。

我们可以以应有的秩序继续行进，我们应该根据先前章节中的那五个命题来讲。第一点，我们承认是无条件的，在人之实存中，理智的和感觉的是同一的。不过，关于第二点有所分歧，因为我们认为如此这般的一种灵魂是真正无条件有朽，而相对且不合宜地说来是不朽的。对此的证据必须从这种质料的记忆中得知与求索，所有的认知都是以同样的样式从质料中抽象而出的。因为，如那位评注家在《论灵魂》第 3 卷评注 5 中所言，[①]质料妨碍认知（materia impedit cognitionem）；这在感知中也能看到，感知的认识根据的不是真正的质，而是它们的意向；由此，《论灵魂》第 2 卷说，每种感知的属性是对不具备质料的种类的接受。[②] 故而，在宇宙中，总共可以发现有三种认知的样式，相应于三种对质料的分离的样式。有些东西全然分离于质料，并且，因此，在它们的认识中，既不需要一个作为主体的身体，也不需要一个作为客体的身体。因为它们的认识并不在任何身体中接受，既然它们不在一个身体之中，又不为任何身体所推动，它们是不动的推动者。那么，这些分离的实质，我们就称之为理智或理知（intellectus vel intelligentias），在其中既发现不了散漫的思想，

① *Op. cit.*，fol. 96^{v}.

② ii 12，424 a 17ff.

也没有复合的,或是任何动态的。但也有一些东西,尽管它们并非通过可感的量而是通过它们的种类所认识,这呈现了某种非质料性的模式,因为它们同时可以说是没有物质与精神的;可是因为它们在认识事物中是最低属的,而且是极度质料性的,所以它们需要身体同时作为主体和客体来帮助它们的活动。因为如此这般的认知是同时在一种感官中被接受的,由此,它们还仅仅代表了殊相,而为一些物质形体的东西所推动。这些都是感觉能力,尽管它们有些是更精神性的,而有些则更少,正如评注家所言(《论灵魂》第3卷评注6,[①]以及《论感觉及其对象》[*De sensu et sensato*][②])。

现在,既然自然本性以有序的样式行进着,正如《物理学》第8卷中说,在这两极之间,即不需要一个作为主体或客体的身体和需要一个作为主体或客体的身体,那就是一个中项,既非全然抽象,亦非全然融入。由是,既然任何东西需要一个作为主体而非客体的身体是可能的,正如明显的是,这样一种中介并不需要身体作为主体而需要其作为客体。现在,这便是人类理智,所以古人或今人或几乎所有人都认为它在抽象者与非抽象者的中途,即

---

① *Op. cit.*, fol. 106ᵛ—7.

② Cf. *Opera Aristotelis*, Vol. VII, fols. 150ᵛff.

在理知与感觉层面之间，低于理知而高于感觉。《诗篇》中亦如是说，“你叫他比天使微小一点”。[1]再后一点又说，“你叫他高于你手中的作品，羊还有牛”，等等。而这种认识方式也是亚里士多德在《论灵魂》第1卷条目12中所讲的：“如果认识要么是想象力，要么不能无需想象力，那它的存在就不可能没有一个身体。”[2]而当到了《论灵魂》第3卷，他又宣称认识不是想象力，既然它不借助于一个器官，且它不能无需想象力；[3]而在同一本书中，条目29和39又说，“灵魂没有一些幻象便根本无法认知”。[4] 故而，人类灵魂不需要一个作为主体的器官，但需要作为客体的器官。

现在，根据亚里士多德和柏拉图，认为灵魂对应于所有的认知层面是恰如其分的。那么，至少根据亚里士多德，任何认知的东西都乃是一个物理性和感官性身体的行为，尽管每一种的方式有所不同。如理知不是作为理知的身体的行为，既然在它们的认识和欲望中，它们决不需要一个身体，但至少在它们推动与运转天体这方面上，它们是灵魂，并且是一个物理性和感官性身体的行为。因为一

---

① Ps. 8：6ff.

② i 1，403 a 8—9.

③ Cf. iii 3，427 b 14ff. 和 4，429 a 26—27。

④ iii 7，431 a 16—17.

个星体是诸天的一个器官，在《论天》第2卷中有言如斯；[①]且在《形而上学》第12卷条目48中也曾提到，[②]整个天球靠着星体而实存。故而，理知驱动一个物理性和感官性的身体；并且在这方面上，它们需要作为客体的身体。不过，在如此推动与运转的时候，它们不从身体中接受任何东西，而是给予它东西。甚而，感觉灵魂是无条件作为一个物理性和感官性身体的行为，因为它同时需要作为主体的身体，既然它只在一个器官中履行它的职责，并且需要作为客体的身体。但是，至于中介，也就是人类理智，在其全部活动中皆非全然解放于身体或全然融入于身体，由此，它便不需要作为主体的身体，但是会需要作为客体的身体。故而，以一种半途于抽象者与非抽象者之间的样式，它将是一个感官性身体的行为。因为作为理知的理知不是灵魂，因为这样的话，它们就决不依赖于一个身体，但至少在它们推动天体的时候，它们是这样的。人类理智在其所有活动中都是一个感官性身体的行为，既然它总是依赖于作为客体的身体。

一个理知和一个人类灵魂依赖于一个器官还有另外一种不一样的方式，因为人类灵魂接受且被一

---

① Cf. ii 12，292 b 25ff.

② Cf. xii 8，1074 a 1ff.

个身体性的客体所完善(当它被其推动时),但一个理知不从一个天体中接受任何东西而仅仅给予它东西。此外,人类理智在其依赖于身体的方式上不同于感觉能力,因为感觉灵魂是主体性以及客体性地依赖的,但人类理智仅仅是客体性地依赖。故而,以一种半途于质料与非质料的样式,人类理智是一个感官性身体的行为。

至于天上的方面,人类与禽兽被驱动的方式是不同的,既然它们的灵魂作为一个物理性和感官性身体的行为方式是不同的,如前所见。故而,亚历山大在他的《论灵魂释义》(*Paraphrasi de anima*)中说,一个理知可以被含糊地称作是一个天上的灵魂,而天则是一个被赋予生命特性的存在者。① 关于这一点,阿威罗伊好像在《天体的本质》中也表示了赞同。② 而禽兽则应当被称作动物,正如通常的用法那样;但人类之被称作动物则是在一个中介的层面上来说的。

也没有必要伪称的是,对于亚里士多德来讲,这种人类理智的认识方式是次要的,亦即,被一个客体

---

① 这一段很有可能引自阿威罗伊。这可以验证于亚历山大的《论灵魂》(*Scripta Minora*), ed. I. Bruns, Part I [Berlin, 1887], in *supplementum Aristotelicum*, Vol. II。

② Cf. chap. 2 (in *Joannis de Janduno in libros Aristotelis de coelo et mundo... quaestiones*, Venice, 1564, fol. 50).

推动，而无需一个主体；不仅是因为一个单一的事物只有一种单一的本质活动方式，还因为就像感觉灵魂的方式从来不会被转化为理知或人类理智的方式，理知的方式也不会被转化为人类理智或感觉灵魂的方式；那么平等的是人类的理解方式似乎也不能够转化为理知的方式。如果它的认识无需作为主体和客体的身体的话，那情况就是这样的了。还可以确证这一点的是，因为不然的话，一种自然本性就将会被转化为另一种自然本性，如果其本质活动也能被转化的话。

进而，自然的印记也没有表示知道人类理智还有任何别的认识方式，正如我们从经验中所理解的那样，因为我们总是需要一些幻象。由此，结论便是，这种通过幻象的认识方式对人类而言是本质性的。

现在，从这些考虑中，我们就必须用三段论法来论证(silogizanda)我们所寻求的原则性结论了——即人类灵魂是无条件质料性而相对非质料性的。那么，首先，前三段论(prosilogismum)可以被划分如下：人类理智是非质料性和质料性的，正如已被上述理由所证明的那样，但其中的分配是不均等的，且也不是非质料性多于质料性，正如之前数章所证。故而，它是质料性多于非质料性，并且由此而是无条件质料性且相对非质料性的。

其次,理智的认识借助于幻象这一手段乃是本质性的,如前所示,这从对灵魂的定义来看也是清楚的,即作为一个物理性和感官性的身体的行为;由此,在其所有的活动中,它都需要一个器官。凭借这种方式的认识乃是必要不可分的;故而,人类理智是有朽的。小前提(Minor)的显然性不仅限于亚里士多德的话:"如果认识是想象力或不能无需想象力,那么它就不可能是分离的";还在于,如果它是可分的,那么它就会要么没有任何活动,从而是无功能的,要么就只有一个活动且无需幻象,而这与所证明的大前提(Major)相矛盾。

这一点再一次被确证如下:既然亚里士多德没有设想任何没有一个身体的理知,正如在《形而上学》第12卷中,[①]他主张理知的数量对应于天球的数量;那么,他就更不会设想没有一个身体的人类理智了,既然它远没有一个理知那么抽象。事实上,如果世界是永恒的,如亚里士多德所相信的那样,那么无限的形式将在实际上无限地存在而无需一个身体。根据亚里士多德来看的话,这似乎是荒谬的。因此,人类灵魂,根据亚里士多德,必须被断定是绝对有朽的。不过,既然它在无条件抽象者与融入物质者的中途,那它就分有某种样式的不朽性,而其本

① Cf. xii 8, 1073 a 30ff.

质活动也正表明了这一点。因为它并不依赖于身体作为主体,在这一点上,它与理知相一致而有异于禽兽;并且它需要身体作为客体,在这一点上,它与禽兽相一致。因此,它是有朽的。

如果要对上述所言有一个更整全的理解的话,必须要认识到什么需要一个器官作为主体或客体而什么则不需要。需要一个器官作为主体,那么,就是以一种既定量又肉身性的方式被接受在身体之中,也就是通过广延(extensione)而被接受。以这种方法,我们说,所有官能接受并发挥它们的功能,如同眼睛在看而耳朵在听之时,因为视觉在眼睛中乃是借助于一种广延的方式。因此,如果不在一个器官中,或不需要其作为主体性的话,就要么不在身体中或不借助于一种定量的方式。因此,我们说,理智在其认识之时,不需要身体作为主体,不是因为认识决不在身体之中,既然如果理智在身体中,其内在固有的活动就不能不借助于某些样式。主体在哪里,就必有主体的偶有属性(accidens)相伴随,而认识被称作不在一个器官或身体中,仅仅在于其不借助于一种定量且肉身性的方式,所以理智可以反思其自身,作推论性的思考,并且领会共相,而器官性的有广延的能力则根本做不到这一点。所有这一切都来源于理智的本质,既然作为理智其并不依赖于物质或数量。如果人类理智依赖于物质的话,那也是以结合感知的方式;理智是偶附性地依赖于物质和数量的,其活动也并不比其本质更为抽象。因为,除非理智能够把握某物而自存且无需物质,不然其认识就无法操作,除非是以一种定量而肉身性的方式。

不过,尽管人类理智被考虑为在认识之中并不使用数量,但不论如何,既然它与感知相结合,它就不能被全然解放于物质和数量,既然它的认识从来不能无需一个幻象,正如亚里士多德在《论灵魂》第3卷中所言:“灵魂没有一个幻象就完全不能认识。”[①]故而,它便是需要身体作为客体的。它不能无条件地认识一种共相而总是在殊相中看到共相,就像每个人在其自身中所观察到的那样。因为在所有的认知中,不管是有多么抽象,我们都会形构某些身体性的幻影(idolum aliquod corporale sibi format)。由是人类理智并不首先就直接认识自身;而是推论性地构成与思考,其认识是随着时间而接连的。这一点的完全对立面发生在理知之上,那是十足地摆脱于物质的,而理智,则实存于质料者与非质料者的中途,既非全然此时此地(hic et nunc),又非全然免除于此时此地。它的活动也不是全然普遍性或全然个别性的;它既不全然受时间的支配,也不全然脱离于时间。

---

① iii 7, 431 a 16—17.

自然本性以适当有序的样式发展着，所以它以这些居间者的方式从一开始之所是的事物走到了它的终点。至于理知，既然它们是无条件抽象的，那在其认识中就决不需要身体作为主体或客体；为此，它们绝对地认识自然本性，仅仅凭借直观（intuitu）就能首先认识它们自身；为此，它们脱离于时间和次序（et a tempore et a continuo）。不过，至于感觉能力，既然它们是融入物质之中的，那便只能知道殊相，而不能反思它们自身或作推论性的思考。但人类理智呢？正如它在其实存中乃是一个中介，它在其活动中亦然，这已如上所述。所以，它对东西的接受可知是既非整个潜在性的，也非整个现实性的。那么，就很清楚它是不是需要身体作为主体或客体，它哪里需要、哪里不需要它们，它需要和不需要的方式又是如何。

进而，必须了解那些断言人类灵魂是不朽而多数的人，他们说，事实上，它具有一种非质料性的自然本性，而这是自存自立的个体（hoc aliquid per se subsistens）。因此，它也可以无需一个身体而实存且发挥功能，并且，当它在分离后而实存之际，除了理智和意志[1]之外，便不再持有任何灵魂能力（non habet de virtutibus animae nisi intellectum et volunt-

① 译注：也可理解为“意欲”。

atem),就和理知一样。因此,它不持有任何感觉性和植物性的能力,除了在它们非常久远的开端之外。既然它处于抽象实体的最低层面,那么除此存在方式之外,它还持有另一种:因为它也可以成为某物存在的效用(nam et potest esse quo aliquid sit)。借此,它可以真正地构型(infromare)一个身体,并因为它的不完美而成为可数的且正对应于身体的数目;它采用了所有感觉性和植物性的能力,通过感官而运用它们,并在这么做的时候成为可毁灭的。尽管这样与身体相连接,它还是能持有理智与意志,但仍然不能具有自由地运用它们的能力,因为既然没有一个身体性的工具,至少是作为客体的身体,它就不能发挥它们的功能。这一点的对立面发生于分离之中,于是,它可以在与任何身体感官分开之后接着展开其彻底的行动。

不过,也有另一种观点断定这些说法是荒谬的,并且与哲学的原则相矛盾:这同一个事物应该是一个自存自立的个体且又是可区别的,也就是说,具有相异的活动方式:这种区别的存在方式既未被论证,亦未被经验所证明,但却被非常荒谬地坚持认为是如此;此时是具有感觉性与植物性能力,彼时又放开了它们,以一种结合时的方式来认识,分离时又以另一种方式来认识;结合的时间是极端短暂的,而分离后则无限,除非我们想象灵魂进入身体的轮回转生;

那么它就具有开端,并且永远不会止息,此时采纳一个身体,而彼时脱离于它,就像是对于吸血鬼(lamiis)的通俗说法那样;而当它分离于身体的时候,它不再作为现实上的一个身体的行为,从而要么就哪也不在,要么就在哪里,那么,它怎么到那里的呢?要么是通过变化,要么是通过空间上的运动。很明显,肯定不是通过变化;不过,也不是通过空间上的运动,既然,在《物理学》第6卷中有言道,[①]不可分者不能在空间上移动。不过,如果它被确定为哪也不在的话,那么根据亚里士多德,是什么在阻止他设想一些理知也不能移动天体的呢?无限量会被无限地设想为无法被认识,不论它缺乏的是功能还是活动,除非去设想一些虚构的或武断的。一个现实的质料性事物的无限性不能是在其中增量清晰甚至必然,而在非质料性事物中,增量非必然,在同种潜在者中,也无区别,这里预设了一种现实上的无限量。

因此,既然所有这些说法似乎对于亚里士多德而言都是不合理且陌生的,那么更合理地就应该认为人类灵魂,既然是质料性形式中的最高者与最完美者,确实是通过某事物的品性而成为一个个体,而绝不是其本身是一个个体。因此,它确实与身体一起开始,同时也与身体一起终结,它无论如何都不能

---

① Cf. vi 10, 241 a 26.

无需身体而活动或实存；它持有唯一一种单独的存在的或者说活动的方式。因此，它也可以是多数的，既然那确实符合于同种的多数原则。灵魂也非现实上无限的，而只是在潜在上可以这么说，就像其他质料性事物那样。并且，灵魂持有的能力是感官性和无条件质料性的，也就是感觉性和植物性灵魂所持有的那些东西。不过，既然它在质料性事物中是最高贵的，并且居于非质料事物的边界上，它便带有某种意义上的非质料性，但不是无条件的。因此，它持有理智和意志，在其中，它与诸神相一致；但比较不完美与模糊，因为诸神他们自身是全然抽象于物质的，而与此同时，它则总是靠着物质来认识，因为它的认识需要幻象，需要次序，需要时间，需要推论，需要晦涩不明(obscuritate)。因此，在我们中的理智和意志并非真正非质料性的事物，而是在相对些微的一定程度上这样讲的。因此，它真正更应当被称作理性(ratio)，而非理智。也就是说，它不是理智，而是理智的踪迹与影子(vestigium et umbra)。《形而上学》第2卷中说过的话[1]也可以以兹佐证："我们的理智之于自然中那最清晰者，正如猫头鹰的眼睛之于太阳的光"，尽管阿威罗伊对这一段落的阐释有误。人类灵魂之于理知的本性，就像亚里士多德

① ii 1, 993 b 9ff.

在《论动物》中所言,[①]正如月球之于地球的本性。不过,在月球上,地球仅仅是根据其非本质特性(proprietatem)而被呈现,并非根据其本质(essentiam);因此,认识在人类灵魂中所根据的也是其对非本质特性的分有而并非其本质。

现在,所有这些都是符合自然本性,并按照等级层级而展开的。植物性的事物持有一个灵魂中的某些东西,因为它们在自身中活动,既然是非常质料性的,因为除了通过第一性质(qualitates primas)就不能发挥它们的功能,并且它们的活动乃是被限定于质料性的存在之上的。接着是动物,它们只具有感觉、味觉和一种不明确的想象力。在它们之后的是那些达到了可以被认为是具有理智的完善度的动物。它们的很多活动就像是手工艺人,如造房子;很多就像是公民,如蜜蜂;很多具备了几乎所有的道德品质,正如在《动物志》中所展示的那样,许多奇特的(miranda)的事物被记录下来,以至于冗长到没法在这里一一详述。事实上,几乎有无数的人似乎拥有的理智比许多禽兽还少,还有些假定认为在感觉能力中也存有认知能力。我们应该如何言说它的杰出

① Cf. Averroes, *Commentary on the De coelo* (*Opera Aristotelis*, Vol. V, fol. 137). Cf. also *De generatione animalium* iii 11, 761 b 22.

性，当根据评注家所言，在《论灵魂》第2卷评注60中，它知道个人从属于10个范畴，那还能有什么特别的理由去这么做呢？[1] 不，荷马、盖伦（Galenus）以及许多杰出的人认为那便是理智本身。但如果再上溯一点，我们就应当立刻将人类理智摆在认知的事物之上和非质料的事物之下，同时分有着二者，故而，它显然在已有备述的方式上不需要作为主体的身体而需要它作为客体，这种式样之于它乃是本质性而不可分的。由此，它必须被绝对地置于质料性的形式之中。这便见证了它只属于有朽者的事实，除非我们想象，就像古人一样，人会成为神并被带入天堂；在《形而上学》第3卷和第12卷中，这一切都被亚里士多德认为是寓言（fabulosun），是被法律（legibus）设计用来满足个人利益的。

那么，顺着这一局面来看，似乎没有什么是不合适的；它完全符合理性和经验，认为没有什么是神秘的，没有什么取决-依赖于信仰。即便有任何地方看似与此相悖，比如，当灵魂处于热与冷的物质之中，它怎么会自身并不预设那些性质，而在其运作中不借助任何器官且不接受共相？——这些相似的尤其细微的地方仍旧不会制造出什么对立于前述论点的局面，因为那也承认了其形式是在物质之中的。但

① *Op. cit.*, Vol. VII, fol. 58.

如果有人说这些观点都不是正确的，只是阿威罗伊的看法，那么不论是谁想出来的，对我而言，那人肯定拥有极强的想象力，并且我相信，画家们从未能创造一个比这怪物更好的怪物；另外，这是与亚里士多德相悖的，如前所证。

就此，这一前述论点在我看来可能是所有论点中最接近于亚里士多德观点的。从所有这些论点来看，很明显，亚里士多德关于理智所说的很多东西乃是相互矛盾的，可实际上，它们并非如此。比如，他有时说，它是质料的和混合的，或不可分的，而有时又说，它是非质料和可分的。在定义灵魂时，他说它是一个感官身体的行为；可有时又说它不是任何身体的行为。这些看似确实矛盾。由此，不同的人便转向了不同的路径，有些认为亚里士多德并不理解他自己。但是从已经说过的话来看，一切都是清清楚楚的，并不存在任何矛盾。就理智而言，绝对地作为理智而言，便是全然非混合而分割的。但人类理智同时保持两者，即它分割于作为主体的身体，而不分割于作为客体的身体。而且，作为理智的理智绝不是一个感官身体的行为，既然理知在认识中不借助于任何感官，尽管它们是在行动之中。[①] 不过，作为人的人类理智是作为客体的一个感官身体的行

① 译注：指理智作为理知的一种。

为,由此乃是不分割的;但不是作为主体,由此是分割的;故而便没有矛盾。

再说,在第三个命题中,灵魂是真正的人的形式,而以这种方式去理解远比前者要好得多。因为,如我们所言,要去想象一个单独的凭自身而存在的东西是一个真正的形式乃是极为困难的。因此,尼撒的格列高利(Gregorius Nicenus),如圣托马斯所述,[①]在看到亚里士多德说灵魂是身体的行为的时候,就认为亚里士多德相信人类灵魂是可腐朽的,因为一个凭自身而存在的形式不是一个真正的感官身体的行为。事实上,有些人说纳西昂的格列高利(Gregorium Nazianzienum)也是这样来理解亚里士多德的。

然而,第四个命题,认为人类灵魂是可数的,我们对此表示确证;但困扰着前者的方式的问题并不困扰我们,因为,既然灵魂是质料,那么便可以在物质中被辨别出来。灵魂的无限性也并不令我们感到困惑。

关于第五个命题,我们也说,人类灵魂是生产的,尽管不是通过创造而是通过生成,既然如《物理学》第2卷所示,[②]太阳和人生成人,而灵魂在自然哲学中是最高存在。《论部分》第1卷第1章[③]关于理智不属于

---

① *Summa contra Gentiles*, Book ii, chap. 79.

② ii 2, 194 b 13.

③ 641 a 33ff.

自然哲学的说法，对于真正的理智来说是真正如此的。因为那是一个不动的推动者，而人类理智是一个被推动的推动者；由此，人类理智在自然哲学家的考量下是一种物质，但理智本身绝非如此，因为，在《物理学》第 2 卷中，①不动的推动者不属于自然哲学的领域。那位哲学家也在《论部分》第 1 卷的一个段落里触及了这一论题。当更进一步谈到它无需什么而来的时候，这必须被无条件地理解为心灵，而非人类心灵；或者，如果是人类心灵，那就必须被理解为非绝对的，并且是在与感觉性与植物性相比较而言更多地分有神圣性的意义上来说的。因为，《论部分》第 4 卷第 9 章中认为，②只有人具有一种直立的自然本性，因为只有人分有那么多的神圣性。

然而，我们并不断定人死后的灵魂仍能持存下来，既然其存有拥有一个开端。并且，《论天》第 1 卷说过，③无论何物，有始者必有终，而柏拉图在《法律篇》第 8 卷也说："无论何物，以任何方式有始者，其亦必有终。"④又如《形而上学》第 12 卷条目 17 所言，⑤我并不同意评注家⑥在阐释忒弥修斯（The-

① Cf. chap. 2.

② iv 10, 686 a 27—28.

③ i 10, 279 b 20—21.

④ Cf. x 893 e—894 a.

⑤ Cf. xii 3, 1070 a 24ff.

⑥ *Opera Aristotelis*, Vol. VIII, fol. 324v—25.

mistii)所重复的亚历山大的答案,认为这一段落要被理解关乎积极主动的理智。因为积极主动的理智不是人的形式;而应该被理解为关乎潜在可能的理智,后者有时认识而有时不认识,因为它会随着内在某物的毁灭而毁灭,那内在的某物,便是与它同一的感觉灵魂。亚里士多德对这段的理解在于谈涉的是在其自身中的理智,而非偶然的那种,即他就像是在说没有什么能阻止作为理智而非作为人类理智的理智之持存;而这在《论天》第1卷也已然被证明过了,任何成为存在者都将不再存在。①

这作为亚里士多德对于人类灵魂的观点在《形而上学》第12卷条目39的段落中也很明显,在那里,他说道:"甚且,愉快(Delectatio),比如我们在非常短暂的时间内所享有的那种最好的愉快;对于他们来讲是永久的,尽管对于我们来讲是不可能的。"②从这些句子中可以很清楚地看到,首先,诸神是无条件不朽的。因为,如果他们总是享有愉快的话,那也是由于他们总是认识,接着,同一文本如此说道:"苏醒、感受和理解乃是极度愉快的。"故而,如果他们永恒地享有愉快,那是因为他们永恒地存在;所以他们是不朽的存在者。然而,人是有朽的,

① i 10, 279 b 20—21.

② xii 7, 1072 b 14ff.

既然他们只能在非常短暂的时间内占有愉快，此运作跟随着存在。如果人有时被称作不朽，这就要相对地去理解，因为在《论部分》第2卷第10章中有言曰："在有朽者中，只有人分有着最高等级的神性。"[①]与其他有朽者相比较，他可以被称作不朽，因为，如前所述，人处在诸神与禽兽的中途。由此，正像灰相比较黑可以被称作白，人相比较兽亦可被称作神和不朽，但并非真正无条件如此。"如果我们的先人声称人有时会被变成神"，亚里士多德在《形而上学》第12卷条目50中说，"那是他们为了说服众人，并且为了众人的利益考虑，再加上作为法律(leges)的辅助，而把这当作寓言来说的，但只有神可以恰当地被称作不朽"[②]，而在条目39的结尾，他又说，"神是一种活的存在，永恒且善好(optimum)；在神那里存在着的生命是持续到永久的。而这即是神"。[③]

从这些话中还能看出第二个观点，即人类理智的认识不能无需幻象。如果永恒的存在者因为他们总是认识而一直享有愉快的话，那么在他们的认识时，他们不需要幻象。因为如果他们需要的话，他们

① ii 10, 656 a 7—8. 译注："神性"(divinitatis)也可理解为"神圣性"。

② Cf. xii 8, 1074 b 3ff.

③ xii 7, 1072 b 28ff.

就不会是永恒的了，既然在《论灵魂》第2卷中想象是由现实化的感觉所产生的一种运动。① 实际上，在他们认识时，他们不为任何东西所推动，如那位哲学家在条目50中所说，“最神圣与最荣光者（honorabilissimum）不会变化”。② 因为这样的变化和运动之于他们是真的非常不相配的；不，在那些认识者中，被认识的和认识的是同一的，正如前面在同一文本中所引过的那样。而人类理智，既然它只有在极为短暂的时间内享有愉快，那么它的认识也只持有极为短暂的时间，不能从幻象中被解放出来，虽然只有被推动，它才能认知；因为认识持续在一种被作用之中。然而，推动者，乃是一种幻象，正如《论灵魂》第3卷所示。③ 由此，推动者的认识便不能无需幻象；尽管它不像想象那样去认识，因为，它的存在是作为一种永恒存在者与禽兽之间的中介，并认识共相，并据此而相符于永恒存在者且相异于禽兽。然而，它又是在殊相中看见共相，据此，它又相异于永恒存在者而以同一样式相合于禽兽；但禽兽自身建立了认识者中的最低阶次，既不理解无条件的共相，也不理解殊相中的共相，而只能理解殊相中的殊相。

故而，在宇宙中存在着三种活的存在者，并且，

---

① iii 3, 429 a 1—2.

② *Metaphysica* xii 9, 1074 b 26.

③ Cf. iii 7, 431 a 16—17.

既然每一种存在者都能去认识，也便存在着三种认识的方式。所以，有全然永恒的活的存在者，有全然有朽者，还有在此二者之间者。第一种是天上的实体(corpora caelestia)[①]，并且，在认识中，他们无论如何并不依赖于一个身体。第二种是禽兽，依赖于作为主体或客体的身体，由此，他们只认识诸殊相。在中间的存在者是人，不依赖于作为主体的身体，而只依赖于作为客体的身体；由此，他们既不能注视无条件的共相，像永恒存在者那样，也不能只注视殊相，像禽兽那样，而是注视殊相中的共相。

这三种认识的方式，亚里士多德在《论灵魂》第1卷暗示过："如果认识是想象，或不能无需想象。"[②]因为通过想象，他能够理解感觉，这需要同时两方面的身体，即作为主体和作为客体。通过不是想象且无需想象，他理解人类理智；由此，它需要身体作为客体而不作为主体。但那不是想象且完全无需想象的乃是真正的理智，并且属于神圣的存在者。此外，在任何地方，亚里士多德都没有再发现任何别的认识方式了，即便有，那也是不符合理性的。至于有些人断言人类理智是绝对不朽的，主张理智持有两种认识的方式，一种根本无需幻象，而另一种则需要，

---

① 译注：即前文所谈到的"天体"，此处根据与神类比的意思，暂扩译为"天上的实体"，以表示其作为活的与推动者的本质。

② i I, 403 a 8—9.

这乃是将人性转化为神性。这种做法与奥维德在其《变形记》中的寓言无异。那位哲学家表示,这乃是古人考虑到法的益处而将其假定为一种神话,如前所述。

不过,或许有人会诉诸于错误的论辩,主张我们只能在极为短暂的时间内享有愉快这一命题要从对人而非对灵魂的角度去理解;人并不能无需幻象而认识,因为人是有朽的,但他的灵魂是不朽的,所以它的认识在分离中无需幻象。我求求以这种方式错误地推理的人,不,诡辩的人,行行好,至少在他力图阐释亚里士多德的时候小心一点,他可是在败坏亚里士多德。第一,因为亚里士多德在这里没有在人和他的灵魂之间作出区分,正如他在神和一个天上的实体之间没有作出区分;因为他说了神就是一个永恒的活的存在者。第二,因为如果他将其理解为只能运用于人而非灵魂的话,那么他将在哪里谈及对于分离的灵魂的知识呢?因为在《形而上学》中,可是有地方谈及分离的实体的呀!第三,因为假使人类灵魂会成为无条件的神圣的话,既然它会采取神圣者所应用的方式,那么我们就得维护奥维德的寓言了,一个自然本质将会变作另一个自然本质。第四,因为如果果真是如此重要的情形而亚里士多德对此只字不提的话,那么他犯的错误该有多大啊!由此,那些以这种方式辩白亚里士多德的人倒是在严重地抹黑亚里士多德(Quare sic excusantes Aristotelem maxime Aristotelem incusant)。

然而,也许有人会说,亚里士多德在《论灵魂》第3卷条目36的注释中,[①]承诺要应对分离灵魂的存在问题,并在之后会通盘检验人类理智是否能认识分离的实体。由此,要么《形而上学》未被亚里士多德所完成,也许是被他的死亡阻止了;要么是完成了,却未能流传给我们,所以我们对亚里士多德关于分离存在的问题一无所知便不足为奇了。这由那位评注家在《论灵魂》第3卷评注36中确证,[②]因为他本人说这个问题未由亚里士多德完成,目前为止,我们所有的就是他的这些书,要解决这个问题是比较困难的。对此,我的回答是,亚里士多德就论证这一命题对立面所说的要多于这一命题本身。因为他这么说过:"不论是否可能知道一些分离的事物而其本身的存在并不分离于量,这个问题要放到后面再考虑。"[③]就此可以表明,首先,人类理智并不分离于量,所以它不能无需想象而认识,并且,如果是这样的话,就是不可分的;因为如果它是想象或不能无需想象,那么它就是不可分的。而至于声明说"要放到后面再考虑",圣托马斯在他对《形而上学》第9卷后

① iii 7, 431 b 17ff.

② Cf. *Opera Aristotelis*, Vol. VII, fol. 121.

③ *De anima*, iii 7, 431 b 17ff.

面文本的阐释中说,[①]在那里,亚里士多德决定将其留到《论灵魂》第 3 卷中去解决;尽管圣托马斯本人在《论灵魂》第 3 卷[②]中措辞有所不同,但他在《形而上学》里将他的观点修正了。关于这种知识,我们可以在《形而上学》第 9 卷的段落中[③]断定那种理知是不能无需幻象的,既然在《形而上学》第 2 卷的开端处,亚里士多德也说,我们的理智之于分离存在的关联就相当于猫头鹰之于太阳的光亮[④];因而,圣托马斯也在《反异教》第 3 卷第 48 章中说,亚里士多德关于我们对分离存在的知识的观点是我们只能根据思辨科学的道路来理解它。[⑤] 故而,不能无需幻象,如我们所知。此外,要特别注意的是,他似乎在那里表示了我们的看法,即亚里士多德认为人类灵魂不是真正的理智,而是仅仅在理智中保持一种分有,故而它是,不恰当地来说,不朽的。然而,我想“要放到后面再检验”这一句子也可以通过《伦理学》来理解。在那本书里,他宣称,人的终极幸福依存于凭借形而上学对抽象存在的沉思之中,[⑥]故而,也便如前所言,不再赘述。

---

① Lectio 5 (ed. Fretté, XXV, 92).

② Lectio 12 (ed. Fretté, XXIV, 176).

③ Cf. ix 10, 1051 b 15ff.

④ ii 1, 993 b 9ff.

⑤ Cf. chaps. 41ff.

⑥ Cf. x 7.

十

其中回答了其他观点的异议

因此,我们的立场或许更为牢固了,这里值得花点时间来回答其他观点所提出的反面的论辩。既然我们主张在人这里植物的、感觉的和理智的灵魂是在存在中同一的,那就回答了同一事物不能有矛盾是绝对确立了的;但是并不矛盾的是,有的人则可以确立这是绝对的,而有的人,可以确立这是相对的,如亚里士多德在《辩谬篇》(*De sophistcis elenchis*)中所言;①而这也体现在了命题之中,即人类理智是绝对有朽而相对不朽的。

现在,第一点反对第二命题,认为关于人类灵魂因此能够接受所有种类的质料性形式,这有两个条件。第一个条件在于在其自身中,它是非质料性的,且不需要一个器官作为主体,只要它接受并且认识那些形式,我们对此表示认同。但另一个条件在于,它在没有为幻象所推动的状态下不能接受那些形式,如亚里士多德在那里所显白教诲的一样;故而,它需要一个器官作为客体。但如果要问,是否它自

① Chap. 5, 167 a 7ff.

身就是一个质料性形式，我们会说，它部分是，部分不是。这相当于认为它分有了非质料性，尽管它不能通过其恰当的种类而认识它自身，而只能通过其他种类去这么做，正如《论灵魂》第 3 卷中所说的那样，[①]而根据那种存在，它可以以某些方式反思自身并且认识其行为，虽然没有理知那么原初且完美。同样也不奇怪的是，灵魂在认识中并不运用一个身体性的器官或质料性的附器（appenditiis materiae）。

如果要再推进一步的话，那么灵魂自身就除了在质料之中便无以存在，而且首先便是通过质与量的合一；但是，既然运作跟随着存在，那它就不能无需它们而运作，所以它不能无需物质的附器而运作，但这却是你所说的反面。甚且，根据那位哲学家，在《论灵魂》第 2 卷和第 3 卷中，[②]为了让未成年的孩子能接受所有颜色，那不仅它的本质必须不是颜色，而且它还必须不能被结合入颜色之中。因此，如果理智灵魂要接受所有质料性形式，不仅它必须是非质料性的，而且也不能被结合入任何质料性形式之中，从而不能和热也不能和冷相结合。但这是错误的。提出此类异议的人没有看到所有这些东西也都与其他观点相矛盾。因为，根据他们，同样的是，灵

① Cf. iii 4，429 a 28—29 和 7，431 a 16—17。

② Cf. ii 7，418 b 26—27 和 iii 4，429 a 13ff.。

魂除了凭借量和质之外,不能在物质之中,所以对于他们来说,它也不能无需后者而运作。不过,如果对这些观点能够建立任何反对意见,那它也将主张我的那种论点。

无论如何,对第一命题的回应是人类理智实际上不能认识,除非是在存在感知的量和质的物质之中,因为它不能运作,除非它存在,而它不能在所要求的条件之外存在。实际上,足够明显的是,它并不跟随着感觉。因为视觉能力并不能看见,除非眼睛是热的,但它并不是凭借热或任何别的质料性的质的手段而看见,它凭借的是可见的种类。

对第二点的回应是,一个质料性事物的认识并不由其与另一质料性事物的共存而普遍地被妨碍(因为这样的话,视觉就不能认识颜色了,既然视觉是结合于第一种质的);而实际上由其与任何它自身所知觉者的共存所妨碍。因为它被红性所妨碍而无法认识其他颜色,在与红性的合一中,它是知觉的。因此,如果理智是一个纯粹质料性形式,既然它知觉所有质料性形式,它就会被妨碍认识它们;而它的非质料性即被证明了,尽管它不是无条件非质料性的。个人并不由其与质料性形式的共存而被妨碍,因为质料者和非质料者具有不同的性质。积极主动的理智并不妨碍潜在被动的理智接受种类,不论它在多大程度上完成潜在被动者,正如评注家在《论灵魂》

第3卷评注4和5中所说。[①]

甚且,对于第二点提出的反对意见说,在理知中的东西是被认识为在行动中无条件并且全然剥离于物质的。不过,这样的东西在感知中(in sensu)被认识为仅仅是潜在的,而那些在人类理智中的则被认识为处于一种中介的方式之中,因为这一种类虽然首先表征共相,但其次又是寓居下层之中的。因为它不能完全解放于物质,因为理智,其整个认知的任一方面,都总是由一个客体所推动,并且在殊相中看见共相,如前所述。从已被证明的来看,这论证了一种相对的但非无条件非质料性的能力(virtutem)。但如果说,既然理智自身可以量计,那么这一种类如何会被接受为表征共相呢?答案是:没有任何东西阻碍它。第一,因为作为理智而量计这件事是偶然的。第二,因为,尽管它可以量计,但量却并非其运作的原则,而在其运作中,也并不本质性地运用量。第三,因为,从上述可以明显看到,它不能全然解放于量及其境况,既然它总是在特殊者中看到普遍者。因为人类理智同时是理智的和人类的。因为作为理智,它认识共相,但作为人类,它不能知觉共相,除非是在殊相之中;而关于器官,只能说,根据上述诸点,它需要一个器官作为客体,但不需要作为主体。这

---

① Cf. *Opera Aristotelis*, Vol. VII, fols. 95 v ff.

每一点在前面的章节中都已经说过了。

如果还要再进一步说它并不在第一性质上结合于物质，那么它会不会确定地具有这些性质呢？由此，当要么是热或冷的时候，它会因而不知道所有的性质。回答是理智并不作为理智而与物质相结合，而在这个程度范围内是结合于感觉的；由此，尽管在感知的运作中，它具有一种性质，但在认识的运作中则并非如此；这是因为它在此并非作为某种性质或器官性的理智。但如果更进一步地追问，既然人类认识作为一种偶然不能在无需某些主体的情况下存在下去，那么在什么主体中认识会被定位呢？答案是：认识是真正本质地在理智自身中的，根据《论灵魂》第3卷中的段落："灵魂是这一形式种类的所在，但不是整个灵魂，而是理智。"[1]因为理智仿佛是凭借某种共存状态（concomitantiam）而在物质之中的，所以认识自身也以某种形式而在物质之中，但是是尤为偶然地，因为在物质之中是理智作为理智的一个偶然意外。然而，无论如何，认识并不定位在身体的任何特殊部位，而是范畴性地（cathegorematice）发生在整个身体之中。因为它并不定位在身体的任何特殊部位，因为不然的话，理智就会是器官性的，并且要么不会认识所有的形式，或者，如果都认

---

① iii 4, 429 a 27—28.

识的话，就会像是认知性灵魂一样，只将它们作为殊相而非共相来认识。故而，正如理智是在整个身体之中的，认识的发生同样如此。

因此，亚历山大随之认为整个身体是理智的工具就并非是不合适的，既然理智包括了所有的能力，但又并不包括一些明确的部分；因为不然的话，它就不能认识所有的形式，就像所有感觉能力所做不到的那样。尽管整个身体组成了理智的工具，就仿佛它是其主体一样，但却并非真正是其主体，因为认识活动并不以一种身体性的方式被接受，如前所述。如果要更进一步追问，是否人类理智的接受是不可分的，答案便是，就它于认识的层面而言，它是不可分地接受的，但是，就它于感觉或者生长的层面而言，则是可分的。一种自然本性具有如此之多样不同的接受与运作方式也并非是矛盾相悖的。

至于从经验而来的论辩，首先，我好奇圣托马斯如何引证之，既然亚里士多德在《伦理学》第 3 卷说“意志是关乎不可能之事物的，正如在意欲不朽性之时”。[①] 那么，如果我们的意志除了在理智灵魂之中外并不存在，且如果意欲不朽，根据亚里士多德，乃是意欲不可能者，那么人类灵魂就不是不

---

① iii 4, 1111 b 22—23.

朽的。由此,在反驳中可以说,那一标志特征最终并非是确实的,因为如那位哲学家在那里所说的那样,意志是自然关乎可能与不可能的,而在不可能那里,善好的秩序是能被维持的。并且,正如更进一步所说的那样,一种自然的意欲并非徒劳,那么千真万确,便是将自然的与理智的区分对待了。前者是一种理知的功能而不会出错;由此指向着没有知识导引的意志不能是徒劳。但若要凭借知识,那它就可能是徒劳的,除非它是正当的。比如,当最高的善好被描绘之际,即便那对于诸神是合适的,但指向它的意志如果没有被显示,那它就是不可能的。由此,意志如果不是徒劳的话,就必须受正当的理性所支配。理所当然地,我们可以说正如骡子,居于驴和马之间,分有却并不真正持有马和驴二者的属性;人类灵魂亦然,居于质料性和非质料性事物之间,渴求着永恒性,承认着它不能完美地臻至该点。就像是骡子,虽然它有所以生成的所有器官,却不能完美地臻至生成,即便它对此极度渴望。实际上,对于一整个种①如此具有徒劳的事物并非是不成立的,只要对于属来说并非如此即可;正如针对骡子而言,它们的生成器官是无用的,但对于它们的属来说却是有用的。骡子虽然有眼,却

① 译注:此处的“种”(species)小于“属”(genus)。

不能看见;但对于动物的属来说,它们却并非无用,如在《动物志》中所考察的那样。[①] 人类灵魂也如此渴望不朽性,但它却不能绝对地达成这一点,而分离的本质却足以无条件地达成这一点。亚里士多德在《形而上学》第2卷中[②]将人类理智类比为猫头鹰,而非骡子;因为猫头鹰能看见一点点,而骡子什么也看不见;同样,在《形而上学》第9卷中,他的最后一条说道:"人类理智在认识抽象事物的活动中并非是瞎的",而是具有着微弱的视力,所以它渴求着永恒性,但却不能以完美的欲望去欲望之。[③]

况且,亚里士多德的答案在上述内容中已然足够明显了。天体(corpora caelestia)、人、禽兽和植物都是普遍持有灵魂的,并且他们的灵魂被包括进入对灵魂的普遍定义之中,但又并非是以同样的方式。对于理知来说,就它们驱动天上的身体的层面而言,是一个物理性和官能性身体的行为,但并非是作为理知。同样,在它们驱动的时候,它们什么也不接受,而只是给予;但人类灵魂是无条件的一个物理性和官能性身体的行为,因为它没有一种运作是在某种程度上不依赖于身体的,如果不是作为主体的话,

---

① i 9, 491 b 28ff.

② ii 1, 993 b 9ff.

③ ix 10, 1052 a 2ff.

至少是作为客体,所以它是从身体来接受东西的。不过,感觉灵魂和植物灵魂是至深地浸没于物质之中的,而植物性又比感觉性更加深入;由是,它们便整个地作为一个官能性身体的行为,同时作为主体与客体。

自然为此创制了井然有序的样式。我们恰当地从几乎整个没有运动的事物,也就是诸理知,下降到天体,即只在位置上移动者,并且这些不是作为一个整体而是作为部分;随后是受制于生成与毁灭的事物,是作为一个整体而改变,并且符合于所有移动的方式;同样诸理知也至少作为一个官能性身体的行为而居于所有灵魂之中;然后是人类理智,第三是感知,第四是植物性灵魂。以任何方式需要一个身体无论如何都不能解放-脱离于不完美。因此,这一秩序是最适当的。

现在,谈到积极主动理智,据说,既然它是真正不朽的,那消极被动理智就同样如此,因为它们同样是人类灵魂的本质部分或能力。对此的回应,即这一段论述的,是此命题的反面。因为亚里士多德说只有积极理智是真正不朽的且总是实现的,而消极理智则不然,因为它时而认识,时而不认识。因此,既然它没有一种永恒的运作,那它也就没有一种永恒的本质。故而,对此论辩的回应就是,潜在理智是相对不朽的,但现实主动理智是真正不朽的,因为它是诸理知的一种。且不是人类灵魂的任一部分，如忒弥修斯和阿威罗伊所判断的那样，而仅仅是一个推动者。

亚里士多德说它是灵魂的部分的正确性在于，说的乃是为理知和人类灵魂所共有的灵魂，这并不能导出它是人类灵魂的部分的推论。因为那是结果谬误并且类似于关于第一物质的说法。后者在它们作为一切质料性形式的存在意义上乃是接受性的；但理智仅仅在它们意图的存在意义上，既然基石并不在灵魂，而是在其种类之中。不过，那将第一物质从潜在性中拖曳而出，以在其形式的存在中发动行为的，不是任何第一物质的东西，或任何在存在中与它结合的东西，而是普遍的推动者，它可以被称为“现实主动的自然”。因此，人类理智，既然它在理知的种属上的程度正如同第一物质在感知者的种属上的程度，即便忒弥修斯和阿威罗伊也这样认同了，那么它被推动而为所有种类所接受的那种东西便不是它自己或与它自己结合的东西。这就是所谓的主动理智，正如普遍推动物质的东西被称为“自然推动者”。忒弥修斯补充的也并不正确，他以为我们是主动理智，或它作为真正的形式而构成我们的部分，但其实仅仅是作为推动者，因为那种联合是一个纯粹的虚构。其他更进一步的论辩要么并不反对这一命题，要么就可以用在另一章节中说过的话来回应，比如，以什么方式理智不会死或在死后依然持存，等等。

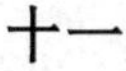

十一

其中提出了基于前述论点而生发的三个疑问

有一些疑问基于前述论点而生发了。首先，之前说过人类灵魂是真正有朽而相对不朽的。但那似乎说得不怎么好。实际上，倒应该说它是无条件不朽而相对有朽的。因为更高的东西包括了更低者，而非更低者包括了更高者。因为，我们说，天体包括了被生成和毁灭的，而非相反。那么，既然不朽者在有朽者之上，倒应该说人类灵魂是无条件不朽而相对有朽的，既然不朽包括有朽，而不是我们应当说的，它是无条件有朽和相对不朽的，既然有朽并不包括不朽。

第二个疑问在于，因为如果灵魂的不朽仅仅是相对的，那么说不朽就要么是真的并且恰当的，要么就不是真的，因为，如果它是不恰当地被称作不朽的，那它就相当于被称为任何其他它所并不是的东西了；那它也可以被不恰当地称作一条狗或一只野兔。那么，为什么，称它是一条狗或一只野兔就不如称它为不朽呢，既然不朽是不恰当的称呼？

第三个疑问是，因为这一立场的整个根源都在这一基础上为之所支撑,即人类理智不过只有一种认识的方式,如同感觉和理知也都只有一种认识方式。但这种方式是一种中介,介于无条件抽象的实体的认识和感觉灵魂的认识之间,既然它同时参与分有了二者。当它认识共相时,它与抽象实体相一致;但当它仅仅在幻象和殊相中观照这种共相时,它与感觉相一致,因为它的认识并非全然无需物质的附属;由此,它被归结为质料者和非质料者的一个中介。

然而,这生发了一个疑问,因为如果这样,理智的认识的依赖在于就殊相之中观照共相,那么理智就会认识殊相,而这为多数人所否认。如有些人说质料性的殊相只能为感觉所认识;或者也有同意的,像我们所认同的那样,理智认识殊相,但对于多数人来说,似乎它仍然不能被认识,除非是通过反思(reflexe),好像如亚里士多德在《论灵魂》第 3 卷条目 10[①] 所说的那般。但这也是认同,既然反思不能被想象,除非是作为一种推论性的思考,那么这几乎就完全阐释了那一点;且这一推论性的思考只能在时间之中发生,并且发生于对简单事物的认知之后;故而,在复合与分离之前,由此也在推论性的思考之前,它会观照到共相并且不是在殊相之中。因此,这一立场是为一个错误的基础所支撑的,等等。

---

① Cf. iii 4, 430 a 6—7.

十二

其中针对三个疑问作出了解答

那么，就第一个疑问而言，答案在于包括远远不同于参与分有。因为包括的发生凭借的是形式，而被包括凭借的是质料。由此，包括者是完美而绝伦的，但被包括者则是不完美而被超越的。但对参与分有者和被参与分有者的主张则相反。因为被参与分有者的存在毋宁是作为原因和超越者；而参与分有者则是作为结果和被超越者。由是，我说人类灵魂包括神性和不朽性就是不恰当的，但反之则然。而我们说人类理智参与分有神性和不朽性则是正确的，反之则不然。由是，亚里士多德在《论部分》第1卷第4章[①]并没有说"只有人包括了神性和不朽性，或特别是人"，之所以补充这最后半句，乃是因为其他有朽的东西也分有了神性，因为"所有自然的事物都是神圣的"，如亚里士多德在《论部分》第1卷最后一章所论及的赫拉克利特(Eracliti)谚语。[②] 不过，其他有朽的事物的这一程度及不上

---

① ii 10, 656 a 7—8.

② i 5, 644 a 16ff.

人。他还在《论部分》第 4 卷第 9 章重复了相同的说法。[①] 由是,这一论辩要求人类理智不应该包括不朽性,但并非不应该分有不朽性,如我们所确证的那样。

你或许还知道正如真正有朽的某物分有不朽性,并不就意味着某物所生产的一切都跟自身一样便分有了不朽性,如《论灵魂》第 2 卷条目 34 与 35 所言,[②]所以任何不朽的事物似乎倒也是参与分有了有朽性和毁灭性。因为那位评注家,在《论天体》第 2 卷评注 49 处,[③]在给出月球上存在斑点的原因时说,这是因为月球关乎地球的自然本性,并且引用了亚里士多德的《论动物》。他说这在《论元素属性》(*De proprietatibus elementorum*)[④]中更为明晰。因为他断定元素的其余部分分有了飘忽不定的成分。故而,有朽分有不朽就是不合适的,而不朽则分有了有朽。

对第二个疑问的回答是,尽管在适当与不适当之间并没有中介,但在属性的分有中则有一种中

---

① iv 10, 686 a 27ff.

② ii 4, 415 a 28ff.

③ *Opera Aristotelis*, Vol. V, fols. 137.

④ Cf. Ps. Aristotle, *De causis proprietatum elementorum*, chap. 1 (in *Opera Aristotelis*, Vol. VI, fols. 283—84). 译注:本书伪托为亚里士多德所著,内容以论地质学为主,实际成文于 9 世纪或 10 世纪的阿拉伯。

介;就像尽管在本质和偶然之间没有中介(因为无物既非本质,又非偶然),仍然有某物可以断定是同时分有了二者的属性;就像通过部分来运动可以被放置于通过自身来运动和通过偶然来运动之间,正如《物理学》第5卷所言。[①] 因此,人类灵魂,尽管是不适当地称之为不朽,因为它是真正有朽的,仍然分有了不朽的属性,因为它认识共相,尽管这类只是非常细微而模糊的;但这和称其为狗或野兔的操作是不一样的。由此,这一驳论便不能行进下去了。

然而,当我们断定人类理智不过是理智的影子时,如果说我们是极大地贬低了人类理智,对此,可以回应说,在与诸理知相比较时,它确实是一个影子。亚里士多德亦如是教诲,既在《论灵魂》的分散段落中,[②]也在《形而上学》第2卷中。[③] 因为它真正不应该被称作理智,而应该被称作理性(Non enim vere appellatur intellectualis, sed rationalis)。因为理智以一种简单的直观(intuitu)来知觉一切事物;而理性却要借助于复合、论述和时间。这一切见证了其不完美性和质料性,因为这些是物质的条件,但如果你们将人类理智与其他会生成与毁灭的事物相

---

① v 1, 224 a 21ff.

② Cf. iii 4—5.

③ Cf. ii 1, 993 b 10—11.

比较的话，它就会获得第一流的高贵性，尽管身体非常柔弱且屈从于几近于无限数的不确定性，而且具备的条件也几乎比所有禽兽都要差劲，正如老普林尼（Plinius Secundus）在《自然史》（*Naturalis Historiae*）第7卷所巧妙地展示的那样。[①] 再说，此外，人要么是一个臣民，要么就统治所有他者。如果他是臣民，让他考虑一下他那悲惨的大多数，因为在成千上万的统治者中，难得会有一个被发现是具备哪怕中等的美德；实际上，那些建立在权力之上的人几乎总是疯狂的、无知的，并且全身上下具备了每一种的恶德。这种命运有多艰难真是显而易见，因为没有哪种动物是被自己的这样一种同类所压迫。而如果他统治他者，那么一个暴君（tyrannis）是如何不公正的，这在柏拉图的《理想国》[②]和亚里士多德的《政治学》[③]中都有充分的说明，而且他们还认为一个暴君的状况远比一个臣民作为一个臣民的任何状况都要糟糕得多。或者，就让那如此放大人类的人不要考虑他未曾经验过的，而去考虑那些他知道的和在他眼前发生的那些事吧。

为了回应第三个疑问，必须援引非常圣托马斯的那些非常有分量的阐释者，在解释《大全》第1集

① Cf. *Nat. Hist.* vii, prooemium and chaps. 6ff.
② ix 571 a ff.
③ Cf. v 10ff.

第7卷问题84的时候,[1]也就是圣托马斯处理这一转变的地方说,单相被反思性地认识,且对此类的反思是一种论辩;他们还说,共相不在任何单相(aliquo singulari)中被认识,但可以在一些殊相(aliquo particulari)中被认识;[2]例如,人不能在苏格拉底中或柏拉图中被认识,但可以在一些人中被认识。不过,“一些人”关联于“人”是被限制于第一种说法本身的模式之中的;并且,尽管它并非原初地在那模式之中,但它仍然在其限制之中,就像完美的和不完美的都关联于每一者。“人”也并不先于“一些人”,既然持存的结果是可相互转换的。即如果“人”存在,“一些人”就存在;而如果“一些人”存在,“人”就存在;而如果“人”先于“一些人”的话,就不会是这样了。

不过,对我来说,这些陈述是极为可疑的。而且,首先,人在一些人中,但不在苏格拉底中被认识,也不在任何单相中被认识,似乎是特别有悖于经验的;因为,无论我们有多么认识非质料者和普遍共相

---

① Editio Leonina, V, 325—26. 另参 Question 86, article 1 (p. 347)。

② 译注:这里要说明的是,在之前多次出现的“共相”与“殊相”的对举中,作者使用的是 universalis 与 singularis,其实也可译为“一般”与“个别”;而在托马斯·阿奎那这里,为了使阐释体现出 aliquo singulari 与 aliquo particulari 的区别(英译为 any singular 与 some particular),故将 aliquo singulari 转译为“任何单相”,而将 aliquo particulari 译为“一些殊相”。

者，我们总是在认知灵魂中形成某些想象图像；在其中，我们观照着它们；即便圣托马斯，也在那一段落中说道："想象图像是一些单相的东西，并且表征着一个单相，而理性为其所吸引了过去。"他在试图证明的是我们通过转向幻象而认识，这除了在一个单相中之外并不能形成，既然人在苏格拉底中而马在马中。因此，他还说了这些话："事实就是人在这一单相之中，他通过这一幻象而认识。"否则的话，证据就会是不合适的了。事实并非是无差别地说，在一些人中，他通过这一幻象而认识。这一阐释者的断言确然是有悖于这一文字的，这一文字如此说道："他通过一些个体而认识"，这为接下来的话所表明，因为接下来是这样的："人类自然本性就是在这一个人之中，而马的自然本性就是在这一匹马之中。"

进而，要我理解那一论辩的字里行间也很少困难，因为它就我看来在太多的方面都显得有所欠缺了。因为，从《前分析篇》(*Priorum*)中可以看到，[1]每一个真论辩都有一些普遍的命题，而个别则不能从个别中被推论出来；但一个普遍命题的获得靠的是归纳法，正如《后分析篇》(*Posteriorum*)第1卷与第2卷所示，[2]而归纳法靠的是个别

① Cf. i 21, 40 a 1—2.

② Cf. i 13, 81 b 2 ff. 和 ii 7, 92 a 37—38。

的那些单相，正如我们所知。由此，在对共相[1]的知识之中，就已然预设了对单相的知识。再说，如果要认识苏格拉底，我们需要论辩的最模糊的步骤的话，如他所言，那么要在认识人之后认识苏格拉底就要花费巨大的时间。我也承认，我认识苏格拉底是一个人，并且我对于论辩的步骤一无所知；而缺乏推论的孩子和傻子也会对于这是一个人和这是一条狗完全无知，因为他们无法具备这一论辩的推论步骤。

再进一步，"一些人"，据他所言，不是个别单相，尽管它规定了人；但似乎在"一些人"中，没有什么对于人来说是规定性的，除了那个形容词"一些"(aliquis)。这就似乎并非如此了，因为其外延远远不止于"人"，而规定者的外延本应小于被规定者。更甚者，他说，"人"和"一些人"是在同一逻辑层面之上，因为它们相互指示着另一者。但根据相同的论辩，如果所有单相都被包括在"人"之下的话，那它们指示另一者的方式就等同于持存的结果。因为波菲利(Porphyrius)在他的《亚里士多德〈范畴篇〉导论》(*Communitatibus*)[2]中证明了属是先于种差和种的

---

① 在1516年的版本中写为：singularis。我们根据Gentile的校正，写为：universalis。

② Porphyry, *Isagoge*, ed. A. Busse, *in Commentaria in Aristotelem Graeca*, Vol. IV, Berlin, 1887, pp. 14—15.

(genus esse prius differentiis et speciebus),因为,如果属被移除了,那就既没有种也没有种差了;但如果是后者被移除了,属则不然。这当然不能在存在层面上去理解,只能在理智层面上去理解。因此,在我看来,似乎我们必须说,理智是在单相中非规定性地认识的;因为既然现在我在苏格拉底这里认识了人,而我又可以在柏拉图这里或任何他者这里认识人,只要是在一些单相中就行;就像每个人都在一个单独个别的位置上,虽然是非规定性地。而后又说,它同时认识共相和单相,尽管共相在自然本性上是优先的;虽然还会有一些人认定单相是首先被认识的,我想,还会说不只是在自然本性上并且也是在时间上,因为他们断定对共相的知识是从与诸单相的一个对比中被获得的。不过,现在,让我们继续论述第一个观点吧。

当说到单相除了反思之外不能被认识的时候,根据《论灵魂》第3卷,[1]这是正确的,尽管忒弥修斯和阿威罗伊没有这样来阐释这些话。现在,可以保证的是,用圣托马斯的话来说,我们正确而适当地说,这样的认识活动是一种对幻象的转向与反思。这显而易见。因为在《物理学》第8卷[2]

---

① Cf. iii 4, 430 a 6—7.

② viii 8, 262 a 17.

的那一部分中，亚里士多德表明了反思性运动并不是连续性的，他将反思性运动定义为结束于其所开始的那个相同点。但既然人类思维通过认知灵魂首先理解单相，然后通过理智理解共相，而这无论如何是在观照相同的殊相中通过想象力来认识的；那它就确实造就了一个回返（reditus），并且导致了一种向后转的结果；既然通过单相，通过想象力而认识，灵魂也就通过理智回返到了同一个点。我也没有看到怎么一个三段论或一个论辩的推论步骤就能被合适地称作反思或转换了，因为他们的演进并不是从相同点到相同点，而是从相异到相异；并且都是由同样的种所理解组成的，虽然一者先于另一者。很多东西在同时被认识也不是不合适的，倘若他们是通过一个单独的种而被认识的话。然而，这一种的理解组成的是这一当前的单相而非别的什么东西，因为幻象是这一者的而非他者的。因为从审视这一头狮子的活动之中，我认识了狮子和这一头狮子，而我从这一头狮子中所认识到的并不比我从其他还在森林中的那些中所认识到的更多。因为如果我应该审视那一头的话，我就应该不会对狮子的认识更少什么。但我认识这一头而非在森林中的那一头，因为我有这一头而非那一头的一个幻象。由是，这一基础便建立完毕了，等等。

十三

其中针对所述的提出许多艰深的难题

针对这一立场可以提出很多巨大的难题，就我所见，并不易于让人感到满意。

第一，因为如果人类灵魂是有朽的，如上所归结的那样，那么就不会有人之为人的终极目的了，由此他对于幸福也便无能寻获了。但亚里士多德在《伦理学》第1卷中所认为的却恰恰相反，①这很显然。而这与通常的说法也是相反的，主张的乃是人因为具有理性的能力，所以也便具有幸福的能力。这在论述其对立面的时候也非常清楚，因为他在《物理学》第2卷中②说过，不幸或不幸福不会降临到禽兽头上，而只会降临到有理性的存在者身上。故而，灵魂不是有朽的。

这些命题显然没错，除了有条件的最主要的那一个：即如果他是有朽的，那么就没有人之为人的终极目的了。这一证明的步骤如下：因为，如果有任何此类终极目的的话，既然它既不能被放置于植物性

① Chaps. 5ff.

② ii 6，197 b 8—9.

和感觉性部分之中，又不为身体或幸福所有，如亚里士多德在《伦理学》第1卷所十分简明论证的那样，[1]以及波爱修斯在《哲学的慰藉》(*De consolatione*)第2、3卷也对此给出了充分清晰的证明，[2]还有圣托马斯的《反异教》第3卷，[3]从而他的幸福就会为灵魂或其德性所有。但既然灵魂的德性被分为伦理的与理智的，并且幸福不能被放置于伦理德性之中，就像大家引用的所清晰展示的那样，剩下的必然就是被放置于理智之中了。然而，当理智德性被分离成它们的部分的时候，像《伦理学》第6卷所显示的那样，[4]除了在智慧中，似乎没有其他地方放置幸福能算是合理的了，而智慧则与上帝最为相关，从《伦理学》第10卷中似乎可以看出亚里士多德这一显而易见的意思。[5]

然而，这也为许多论辩所驳斥。第一，因为这样的知识要求一个人具有非常卓越的能力，甚至要完完全全地撤离于凡尘俗事(rebus mundanis)，要具有非常好的自然本性(bonae naturae)[6]，亦即一种健康

① i 6，1097 b 33ff. 和 8，1098 b 12ff.。

② ii 4 ff. 和 iii 2ff.。

③ Chaps. 27ff.

④ vi 2ff.

⑤ x 7.

⑥ 译注：英译为 good constitution，可参考意语翻译的“di buona，cioè sana，natura”。

的自然本性,并且不缺乏必然性。但这样的人或许是最少的;即便在漫长的数个世纪中,也是难以找到一个的。日常经验教诲了我们这一点,历史也阐明了这一点,但这对立于幸福的自然本性,因为那是一种对于任何并非无能者都可以接近的善好,既然每个人都自然地渴求着它。

甚且,因为这样的知识是极为微弱而非常之不确定的,因为它属于意见而非科学。这可为人们各式各样的意见所示,其中很少有两个是能在这一问题上达成一致的。并且我们的认识方式证明了相同的观点,这凭借的是感觉,而这样的事物是远离于感觉的;由是,它应当被称作无知而非知识、略有所知而非确然无疑。再说了,既然我们在幸福中是平和的,而在这里我们却是翻来覆去而毫不平和的,那么谁会断定这一知识就是幸福呢?另外,幸福具有一个目的的自然本性;但这一切却是都在路上(haec vero tota est in via),既然没有人知道到了他能知道的程度;不,他知道得越多,就越渴望能知道更多。而且,在争取这一知识的时候,需要多少技艺、多少科学、多少劳苦、多少无眠之夜啊?由此,既然生命在获得一门单独的技艺上都很少可以得到满足,那么人又如何能够得以获取这样的一个目的?而当一个人看到他对自己的生命、对自己的权力、对足以阻挡他并将他从其所从事的事情的中途中剥离的诸多事件都不能确定的时候，他又如何能够得以开启这样一桩伟大而艰辛的旅程？况且，既然需要产生这种幸福的时间是如此之多，那么到达它的路途就是再艰辛不过了，因为这要一个人在他的身体中的时候，几乎彻底断绝他与身体的关系；而且他又对此结果有所怀疑，此外，即便在他达成了之后，他也有可能会在某个时刻迷失，或者是弥留之际，或者是通向疯狂，或者是因为别的什么际遇：那么，如何能不更正确地称之为不幸福而非幸福呢？由此，很多人非理性地说过，如果人类灵魂是有朽的，人的境况就比任何禽兽都要糟糕，因为可以考虑到人在其身体上的弱点，那是屈从于如此之多的缺陷的，还有他的灵魂的不止息，那是不断地在颠来倒去的。

第二，并且原则性的一点在于，因为如果人类灵魂的有朽性被确立了，人就应该在任何情况下都不会去选择死亡，不论情况有多么危急。那教导我们去鄙夷死亡，并且应当为了祖国和共同的善好(bono publico)而去选择死亡的那种勇气将不再有其立足之地；我们也不应该为了一个朋友而甘冒自己的生命危险；不，我们为了不遭受死亡甚至应该去犯下任何的罪行和罪孽。这是有悖于亚里士多德《伦理学》第3卷和第9卷的，[1]也有悖于自然。这一点的标

---

① Cf. iii 1 和 ix 1ff.。

志之一在于,我们自然地憎恶那些做这些事情的人,即便是为了自保他们的生命,我们也会去痛斥他们;我们又自然地热爱和赞美那些反过来做的人们。但那接下来的是很明显的;因为选择考虑的是对其自身有好处的本性,而死亡毁灭所有的好处,那就没有任何东西可供选择了。这在柏拉图的《斐多》中也有所表明,[1]他在那里证实了即便没有一个更好的人生的希望,死亡也不是天生就伴随了平等思维的。他还在《法律篇》第5卷中说,"善好是鄙视那以为此生即为最高的人的";[2]而圣托马斯同样在《伦理学》第3卷中[3]对那些确定灵魂有朽的人如何能够选择死亡的问题表示了极大的怀疑。他在《使徒信经评注》中[4]说,关于血肉复活那一部分,毫无疑问,是没有复活希望的,一个人应当去犯下任何罪行以避免死亡。

第三,因为随后就在于,要么上帝不是宇宙的管理者,要么他就是不公正的,以上任一观点都是极恶的。因为如果他不管理任何事物的话,他就不会是上帝了;而如果是上帝的话,他就是最高的善好,因为他并不持有任何潜在性;而如果他是最高的善好,

① 63 b.

② 727 c—d.

③ Lectio 2 (ed. Fretté, XXV, 325).

④ Chap. 14 (ed. Fretté, XXVII, 226).

那他怎么会有任何不公正呢？现在，很显而易见的，是因为如此之多的邪恶发生在这个世界上却无人所知，或者知道了但却没有受到惩罚。不，人们经常为了他们的邪恶而争取最佳的善好。这是对立于善行的，后者要么无人所知，要么知道了却依然得不到任何奖赏，并且他们大多数时间所蒙受的却是死亡和伤害。但这些事情上帝要么不知道，或者，假使他知道的话，他就任其所是而没有赏善罚恶，如哲罗姆(Jerome)所言，[1]他就不是上帝了。

第四，因为所有的宗教，不仅是那些过去的，还有那些现在存在着的，主张灵魂没了身体之后依然存留下来；而且，因此，这在全世界都是广为人知、驰名天下的。由是，要么我们必须说灵魂是不朽的，要么全世界就都遭受了欺骗，而那一声名远扬的信念就是大错特错的了。但那位哲学家在《论睡眠》中却对此表示了否认。[2]

第五，因为从许多经验中可以总结性地把握灵魂的不朽性。如柏拉图在《斐多》中[3]叙述的，在墓穴边有影影绰绰的(umbrosa)[4]幻象为人们所看到，

---

① Cf. Epistle 39 (ad Paulam) chap. 2 (*Sancti Eusebii Hieronymi Epistulae*, Part I, ed. I. Hilberg, Vienna, 1910, pp. 296—97).

② *De divinatione per somnia*, chap. 1, 462 b 14ff.

③ 81 c—d.

④ 译注：或亦可译为“阴暗的、幽暗的”。

而这些是邪恶者的灵魂。他在《法律篇》第 9 卷中[①]也说,被弑者的灵魂常常带着敌意追随着谋杀他们的凶手,所以人们可以想到,谋害者在场的时候,鲜血会从伤口中流出来。在《理想国》第 10 卷中[②],他还谈及了在已死者中如何站起了某一个潘菲利亚人(Pamphilum)[③],并讲述了对恶人的可怕惩罚与折磨。而小普林尼说,在雅典有一幢臭名昭著的房子,在里面可以看到并听到一个恐怖的老者的幽灵(simulacrum)。[④] 雅典诺多洛斯(Athenodorum),一位来自塔尔苏斯(Tarsensem)的哲学家,在他租住了这幢房子之后看到了那个幽灵,并且在它的引导下,发现其庭院中埋着被锁链锁住的一堆尸骸,他便照着习俗将他们安葬;从那时起,这幢房子便不再有喧闹之声了。还有斯多葛派的波塞多纽(Posidonius stoicus)曾说,[⑤]有两个阿卡迪亚(Arcades)的朋友,在他们到迈加拉(Megaram)的时候,就分头过夜了,一个住客栈,另一个住朋友家。当他们用完餐并就寝之后,那个在朋友家中的人于深夜入眠之际似乎梦到另一个人求他的同伴来救他,因为客栈掌柜在

---

① 865 d—e.

② 614 b ff.

③ 译注:即厄尔(Er)。

④ *Epistles* vii 27, 5ff.

⑤ Cicero De divinatione i 27, 57.

对他谋财害命。被睡梦惊醒后,他立马起身;接着,当他清醒镇定了之后,他认定那一幻梦毫无意义,遂又躺下了。然后,那个睡眠中的人似乎又梦到另一个人求他,表示既然他没在他朋友还活着的时候来救他,他至少不应该让他的死亡得不到复仇;他被客栈掌柜杀了后被丢到了一架大车之上,随后又被甩到了车篷上;他请求他的朋友在上午大车尚未出镇之前去到大门口。为斯梦所困扰,他上午便去了门口碰见了那个农夫,便询问他大车中有什么。农夫荒乱而逃,而死者被拉了出来,至于客栈掌柜,现在因为事件被曝光了,便受到了惩罚。西蒙尼德斯(Simonides)也说过,[1]有一次,当他看到某个不知名的死人直挺挺地横尸在地,便埋葬了他,接着便想要登上一艘船,然后他仿佛被那个他以埋葬来帮助的人警告不要这样做;如果他出海的话,他就会在海难中暴死。还有无数这样的事情可以举证。我自己也能作证我通过梦境而经历了许多在某种程度上类似的事体。由此,这些事实似乎很显然地说明了死人灵魂的存在。

第六,因为我们通过大量的阅读和经验的观察发现了有些人会受预言过去和未来的精灵(daemonibus)所影响,并且说他们是某些死人的灵魂。

---

① *Ibid*. 56.

不过,否认经验则是鲁莽而疯狂的。

第七,因为亚里士多德似乎也主张灵魂是不朽的,不仅是因为他在《伦理学》第1卷[①]说一个曾孙的不幸会影响到已逝者的灵魂,还因为他主张他们在死后会得到报应或奖赏。《家政学》(*Oeconomicae*)第2卷第2章在谈到阿尔刻提斯(Alcestis)与珀涅罗珀(Penelope)的时候,他是那样说的:"她们忠诚于被迫的不幸,也便为自己预备了不朽的荣耀与理所应当的人们的敬意,她们也不会得不到诸神的报偿。"[②]

第八,因为这一立场的所有追随者都曾是或正是最不虔敬而道德败坏的人,比如,怯懦的伊壁鸠鲁、卑劣的亚里斯提卜(Aristippus)、疯狂的卢克莱修、被称作无神论者的狄奥戈拉斯(Diogoras)、身为伊壁鸠鲁主义者而最为兽性的萨丹那帕露斯(Sardanapalus),而所有这些人的良知都背上了卑劣的罪恶的负担。相反的是,那些在良知上纯洁无邪的圣人义士,却热烈地宣扬灵魂是不朽的。不过,柏拉图在《致狄奥尼索斯书简》(*Epistola ad Dionysium*)中,[③]如此开头:

---

① i 11, 1100 a 18ff.

② Ps. Aristotle, *Oeconomica*, Book ii, Chap. 1 (*Opera Aristotelis*, Venice, 1560, Vol. fol. 475v). 这一从阿拉伯翻译过来的第2卷并不见于希腊文本的《家政学》。

③ *Epistle* ii, 311 b—c.

“我曾听阿凯德莫斯(Archedemo)说过,根据自然原则,有可能是最低劣的人一点也不在乎未来对他们的评价,而最正直的人会做一切事情去使得将来他们听到人们对他们的好评。故而,我推测那些死了的人对我们的事情会有一些感觉,既然最好的灵魂对此如此强烈地神而敬之,而最糟糕的则并不以为然。最有力的实际上是神圣者们的语言而非其他人的话语,等等。”

十四

其中回应了反对的观点

在我看来,要回答这一论辩实在是很费劲而繁重的,特别是因为灵魂在死后留存这一点已经是众所周知了;而《形而上学》第2卷曾写道,[1]要说反对公众习惯的话是困难的。既然我们被赋予了机会(facultas)[2],那至少就应该努力讨论一下这一论题的可能性。

那么,首先是对第一种反对观点的回应,必须知道的是每一种事物,至少每一种完整的事物,都有某

① Cf. ii 3, 995 a 1ff.

② 译注:facultas 有“能力”的意思,也有“可能性、机会”的意思,英译为“power”,而意语则译为“possibile”。

些目的。尽管目的具有善好的自然本性,如同《形而上学》第2卷所言,[1]但是被分配给每一事物的目的必须不是一种符合于更高层面的善好,而仅仅是适合其自身自然本性的那一种,并且具备其所合宜的一个比重。比如,尽管感知比不感知要好,但让一块石头去感知则是不适当的,这也不会是这块石头的善好;不然的话,它也便不再是一块石头了。在分配一个目的给人的时候也是如此,如果我们要配有上帝和诸理知的目的的话,那就会是不适当的了,因为他就不再是人了。

第二,记忆所必须接受和特别记下来的是,全人类可以被比作一个单独的个体。在一个人类个体之中有众多各式各样的成员-部位或成分,它们有次序地对应于各式各样的职务或邻接的目的;不过,这一切又都指向着一个单独的目的,由此,它们必然都共同分担着一些东西。现在,如果这一秩序被违反了,那他要么就不再是一个人了,要么就还是一个人,但是陷入了非常困难的窘境。对所有部位的安排都是为了那个人的公共利益,这一个要么就对于另一个是必要的并且反之亦然,要么就至少是有用的,虽然有时候一者更有用,而另一者不那么有用。由是,心之于脑是必要的,而脑之于心亦

① Cf. ii 2, 994 b 9ff.

然；心之于手是必要的同时，手对于心也是有用的；而右手对于左手是有用的，左手对于右手亦然，所有部位都分担着生命与自然激情，并且需要精和血，这在《论动物部分》中是显而易见的。[①] 除了他们共同的分担之外，每一单个的部位还具有一个单独的功能；例如，心有一个，脑有另一个，肝有第三个，其余的也是如此，正如亚里士多德在《论动物部分》中也这样宣称，[②]而盖伦在他的《论身体各部分器官》(*De utilitate particularum*)中则有更为详尽的论述。[③] 并且，这些功能或作用还是不平等的，而是一个优先另一个较后的，是一个更完美另一个不那么完美的。比如，根据亚里士多德，既然心是最高贵且排第一的，那它的功能也就是最高贵且排第一的。其余剩下的也都按次序而如此排列。尽管脑，举个例子，没有心那么完美，仍然可以在其种类中是完美的。职是之故，就像所有的部位都有其自身的界限与多数性，每一属的部位也是如此，但这是就它们固定的限制之内而言的。比如，不是所有的心都同等地伟大，也并非相似地温热；这对于

---

① Cf. *De historiis animalium*，iii 2，511，b 1ff.，以及 19，520 b 10ff.。

② Cf. *De historiis animalium*，i 16—17.

③ *Claudii Galeni Opera omnia*，ed. C. G. Kuehn，III (Leipzig 1822)，1ff.

其他的部位而言同样适用。这一点通过观察之后可以这样来说，即便在这些部位中或许存在着如此之大的一种多数性，但却不至于会产生失序；而必须是一种相称的多数性。如果它渐渐超过了这一尺度的话，随之而来的要么就是个体的毁灭，要么就是恶疾。要是真的不再有那种相称的多数性的话，个体是无论如何都无法再持存下去的。因为如果所有的部位都是心或都是眼的话，那就没有动物了；正如在器乐和声乐中，如果所有的声音都遵循一种单独的次序，那就不会生成任何和谐与愉悦了。不论是整个个体，还是它的任何部分，都不可能以一种更好的方式被处理为它们现在所被处理的方式。就像柏拉图在《蒂迈欧》中所说的，[①]神赋予了每一者于其本身而言也于整体而言最好的东西，我们也必须以相同的方式来考虑全人类。

全人类就像是一个由不同成员-部位所构成的单独的身体，这些部位又有着不同的功能，但却是为了人类的共同利益而有序安排的。每一者会给予另一者，并接受他所去给的，所以它们具有相互往来的功能。它们也并不都具有同等的完美，而是有些被赋予了更完美的功能，有些则不那么完美。假使这一不对等性被破坏的话，要么人类会灭亡，要么其持

① Cf. 29 e—30 a.

存就会陷入非常困难的窘境。所有这一切或几乎一切都共同分担着一些东西。不然的话，就不会存在一个种属的各部分并伴随着一种趋向于一个单独的共同善好的趋势，就像我们之前说到一个单独的个体的人的时候那样。在人们之间的这一不对等性只要是相称的，也就不应该会导致失序。实际上，正如在一个乐团里或一种声音的相称的多数性会产生一种令人愉悦的和谐，人们之间的一种相称的多数性也会生成完美、优美、适宜、愉悦；但一种不相称的多数性则相反。

故而，在如此对待了这些事物之后，让我们说，所有人在追求这类共同目的的时候都必然参与着三种理智：理论的、实践的或行动的，以及制作的。没有一个在适当年龄的健康人不能把握这三种理智的一部分，正如没有一个部位是不含有血与自然激情的。每个人都有一些思辨，甚至在每一种理论科学上都是如此。因为他至少知道一些原则，如《形而上学》第2卷所言，[①]就像是房子都有门，这没有人不知道。例如，谁会不知道第一原则诸如“关于某物不能说是而又说不是”，“同一事物在同时即是又不是是不会发生的”？其余的也是这样，要一一详述就太累赘了。但这些东西属于形而上

① Cf. ii 1, 993 b 1ff.

学。这在自然哲学中同样明显,因为那些东西从属于首先接触理智的诸感觉。在数学中也显而易见,因为人类生活没有数字和计算是不能继续下去的;还有所有人都知道小时、天、月,以及年和许多其他属于天文学领域的东西。除非他瞎了,不然他也不会更少地知道光,而这是光学的工作;除非他聋了,不然他也会知道谐音,而这属于音乐。关于修辞学和辩证法,既然亚里士多德在《修辞学》的开端处已经说过,"一切都以某种样式同时参与了二者",我还能再说些什么呢?[①]

现在,至于行动理智的话,是有关于道德、公共与私人事务的,很显然,它被赋予去认识善与恶,从而成为国家与家庭的一部分。这一类的理智是真正恰当地被称之为人或属人的,如同柏拉图在《理想国》[②]和亚里士多德在《伦理学》[③]所证明的那样。至于制作理智,很明显,因为缺了它,没有人能保持生命。因为缺少了对于生命来说必要的手工的东西的话,人是没法忍受下去的。

但必须知道的是,尽管没有人完全丧失这三种理智,可人与它们的关联却是不同等的。例如,理论理智就不是属人的而是属神的,如亚里士多德在《伦

① i 1, 1354 a 3—4.

② Cf. iv 420 bff.

③ Cf. vi 5.

理学》第10卷所教诲的那样。[1] 柏拉图也在《蒂迈欧》说："诸神最好的礼物是哲学。"[2]因此，人一点也不与别的造物一起分享它。故而，即使所有人都持有它的一部分，但也只有极少数人拥有它，并且是恰到好处地、完美地拥有它。因此，将人的那一部分全然交付给思辨的人所坚守的便是以心来统属全部成员-部位；虽然在这一范围内还有一些属于数学家、物理学家以及形而上学家。所有这些行业方向都有一个范围，这是非常清楚的；但制作的理智，是最低端的手工方面的，对于所有人来说都是共有的；不，即便是禽兽，也分有了它，亚里士多德在《动物志》中如是教诲，[3]因为许多禽兽都造房子和许多其他东西，而这都表示出了制作理智。这也是最必要的，因而最大多数人都从事于此。女性更是几乎完全将她们自身投入了其中，比如，编织、纺纱、缝纫等等；而最大多数的男人则将他们的时间花在了农业上，然后是不同的手工业上。一个致力于一门手工业的人很难致力于另一门，所以柏拉图在《理想国》[4]还有亚里士多德在《政治学》[5]中这样安排，正如一名成

---

① Cf. x 7, 1177 b 26ff.

② Cf. 47 a—b.

③ viii 1, 588 a 29ff.

④ Cf. iv 442 c.

⑤ Cf. iv 4.

员要发挥不同的功能是不容易的，同样，一位手工艺人也不应将他的时间花在不同的技艺之上。不然的话，他将一事无成。但是，实践的或行动的理智才是真正适合人的。每一个并不欠缺行为能力的人都能够完美地追求它，也正是根据它，人才会被无条件而绝对地称作善和恶的，但要是根据理论的和制作的理智的话，这种叫法就只能是相对而受限的。例如，根据他的美德或恶德，一个人可以被称之为一个好人或一个坏人；但一个好的形而上学家并不被称作一个好人而只是一个好的形而上学家，一个好的建筑师也并不被绝对地称作一个好人而是被称作一个好的建筑师。由此，一个人可以接受而不觉得受到了冒犯，如果他不被称之为一名形而上学家、一名哲学家、或一名铁匠；但如果他被称之为一个小偷，不节制、不公正、鲁莽或诸如此类的品性不端的话，他就受到了极大的冒犯并且会很激动，因为行为正直或恶毒是人性，也是在我们所能控制的权能之内的，而做一名哲学家或建筑师并不是我们的任务，对人类来讲也并不必要，所以所有人都可以也应该具备良好的品性，但不用都去做哲学家、数学家、建筑师或其他的什么工作。因为如果没有此等的多数性的话，人们是无法忍受或持存下去的，正如我们上面就成员-部位问题所言一般。

那么，现在回到这一命题，我们说，大体上，人类的目的分有着这三种理智，借此，人们彼此互相交流并群居在一起；一者对另一者要么是有用的，要么是必要的，正如一个人的所有部位都一同分享着生命的精气，并且发挥着相互之间的作用，而人是不能免除于这一目的的。至于实践理智的话，这对人来说是恰如其分的，每个人都应该完美地持有它。因为为了人类能够好好地持存下去，每个人都必须道德优良，并且尽可能地没有恶德；而一种恶德则应当归咎于一个人他自己，不管他身处什么样的环境，不管他是赤贫或贫穷，还是富裕、相对富有或特别富有。至于其他理智，就不那么也不可能那么必要了。那也不是适用于人类的；因为如果每个人都是理论性的话，世界就无法持存下去，每个人自身也同样如此，因为只有一类人是不可能持存下去的，例如，哲学家，是无法自足的；又如，只有建筑师也是不行的，任何这样的种类都不行。一个人也不能完美地发挥另一个人的功能，毋庸多言，正如我们在论述成员-部分时所说的那般。

那么，人类的普遍目的就是去相对地分有思辨的与制作的理智而完美地分有实践的理智。这样，如果所有人都正直而善好的话，这一全体才会最完美地保存下来，但如果所有人都成为了哲学家或铁匠或建筑师的话则不然。从而，在道德品质上，也就不像在技艺或科学中那样，一者会妨碍另一者，将自身致力于一者会妨碍将自身致力于另一者。实际上，如《伦理学》所言，[①]诸道德品质是紧密地联系在一起的，谁最好地具备其中之一，也便具备了它们所有，所以大家都应当正直而善好。但去做一名哲学家、数学家或设计师则是一个特定的目的：就像脑有其自身的功能，肝也如此。人类之间的不对等也不应当招致他们之间的忌妒和争执，就像成员-部位之间的多数性不应招致如此一样；特别是联合与和平，尤其因为每个人都应当是有道德的，而不该为这类东西所剥夺。此外，虽然每一要素都在整个范畴中具有其相应的位置，但其中的一些部分是比另一些要更好的；正如不是火的每一部分都能触碰到月球表面，除非加入到整体之中，也不是土的每一部分都是世界的中心，除非是从整体上来考虑；所以不是每个人都具有适合其部分的终极目的，除非是作为全人类的一部分。他具备人类公共的目的也便足矣。

由此，对于这一论辩要说的是，如果人是有朽的，每个人都可以有在普遍意义上适合人的目的；但他不能具备属于最完美的部分的那种目的，这也不适合他。就像不是每一部位都可以具有心或眼的完美性，但实际上，不这样，动物便无法持存下去；所以，如果每个人都是理论性的话，人类共同体也会无

① Cf. vi 13, 1144 b 32ff.

法持存下去。故而，诸种环境与不同的地域就是必要的。于是，幸福在理论的权能掌控下是无法长久的，并不像适用于其第一原则的部分人那样适用于全人类。尽管其他成员不能臻至这种幸福，但他们依然没有完全被剥夺所有的幸福，因为他们拥有着一些理论性的和制作性的能力，还有完美的实践性的能力。这一能力使得几乎每个人都是有福的。因为不管是农夫还是铁匠，穷困还是富裕，如果他的生活是有道德的，那就可以被称作是幸福的，并且这样的叫法是名副其实的，他可以为命运分配给自己的份额而心满意足地离世。另外，除了道德上幸福外，他还可被叫作一个幸福的农夫或一个幸福的建筑师，如果他在农业上或房屋建筑上工作顺利的话，虽然在这方面的原因上，他被称之为幸福并非那么恰切。因为这些事情并不在人的能力范围之内，有如美德与恶德那样。故而，人类对其目的并不感到沮丧，除非它使得它本身成为如此。

如果要进而补充说，这种思辨好像并不能使人感到幸福，因为它是非常微弱而模糊的；对此，我要说的是，尽管它是那种关乎永恒事物与诸理知的事情，但是在有朽的东西之间找不出什么更好的了，如柏拉图在《蒂迈欧》中所言。[①] 一位有朽者也不应当

① Cf. 47 a—b.

去欲望不朽的幸福，既然不朽是不适用于有朽的；正如不朽的暴怒并不适用于有朽的人，如亚里士多德在《修辞学》中所言。[①] 由是，我们首先预设每一事物都有一个被分配的与其相称的目的。比如，如果一个人能持中道的话，他就不会去欲望不可能的东西，那也并不适合于他。因为具有这样的幸福是专属诸神的，他们根本不依赖于物质和改变；而这一对立面则发生在人类身上，人是有朽者与不朽者的一个中介。

当进一步说，目的应当带来平和安宁，但这并没有使人的理智和意志得以消除或慰藉的时候；对此，我要说，亚里士多德《伦理学》第 1 卷[②]的末尾并没有将人的幸福断定为完美的平和安宁；不，他主张无论一个人是如何地幸福，都不能坚定到许多事物无法扰乱他的程度，但它们并不会使他不幸福；就像一阵风不至于将一棵树连根拔起，尽管它会吹动那些树叶。因此，属人的幸福的坚固稳定性只要不能被毁灭也就足够了，就算它在某种层面上会被打扰也无妨；不，而且还要说，在任何年龄都是如此：比如，在青春期，如果他没有属于成年人的充分知识的话，他也能具有属于青春期的东西，从而能够对那一年

① ii 21, 1394 b 21—22.
② i 11.

龄感到满足；他也不会渴望超出适合他的东西。故而，他并不会被烦扰，如我们所言的那样。

要是再进而论之，人从不能认识到他所能认识到的那么多，他所认识到的也并不那么清晰，因为那有可能可以更加清晰；我认为这并不会摧毁他的幸福，只要他所具有的不多不少于他的境况所适宜的程度，那么他在他那一部分看来就并不缺乏什么。因为一种节制的胃口的特性就在于渴求它所能消化的量；同样，节制的人的特性就是满足于那适合他并且是他所能具有的东西。

当再次补充说，既然人认识到他会很快失去这一幸福，而且它在那么多方面看来都可能会被摧毁，他就会具有比幸福更多的悲痛；对此，我要说，只有一个不自由的人才会希望重新得到他曾经自由地接受到的东西，因为人被认为是有朽的；正如古人曾将人生称之为一种炼狱与涤罪。既然人在特定情况下接受了它，那他就应该知道他必须将其归还给自然。他会感激上帝与自然，还会时刻做好准备去死，他不会畏惧死亡，因为畏惧那不可避免者乃是徒劳的；而他也会看到在死亡中是没有一丝一毫邪恶的。

当论辩谈及人的境况比任何畜生还要糟糕的时候，当然，在我看来，这种说法并不是哲学性的，因为禽兽的作品，尽管它们能够为它们的属类带来满足，在此却不如理智的无休无止的作品。谁会选择成为一只更长寿的雄鹿或一块活得更久的石头，而宁愿放弃作为一个无论多么卑贱的人呢？因为作为一个明智的人可以在任何情况下或任何时间点都保持着一个令人满意的头脑，即便他会为身体上的各种困苦所烦扰。实际上，聪明的人定然会选择在极端必然性的条件下的最大烦恼，也不会选择在相反的情况下的愚蠢、懦弱与罪恶。

然而，认为当一个人在面对巨大的劳苦、身体愉悦的消失、对事物认知的模糊、对已然得到的东西再度丢失的轻易性的时候，如果那人根据理性来行事，他就会转向恶德与身体性的事物而非转向获取知识，这种看法也是不对的。因为即便是最少量的知识和美德，相比于所有身体性的愉快而言，都是更为可取的，不，这是为了在充斥僭政与恶德的地方主宰他们自己。故而，第一种论辩在任何方面看来都无法证明灵魂是不朽的。

至于针对第二种反驳，也就是断定如果灵魂的不朽性被确立了，那我们就无论如何都不应当会选择死亡，我要说的是，不管怎样，这一推论的结果都恰恰是其对立面。例如，《论题篇》(*Topicorum*)第3卷曾谈到过："两恶相权取其轻。"[①]而《伦理学》第3

① Cf. iii 2, 117 a 8—9.

卷又说:“选择善好,拒斥邪恶。”[1]因此,为了国家、朋友,以及为了避免罪恶以争取最佳的美德,还有为了其他人的巨大的好处,就有可能选择死亡,因为人自然地赞美这样的一种行为,况且没有什么比美德自身更为珍贵和美好了,它是高于一切事物的首选。但是,如果犯了罪的话,一个人会极大地损害这个共同体,并因而损害了他自己,因为他是这个共同体的一部分。当他堕落到恶德之中,没有什么比这更为不幸了,因为他不再是一个人,正如柏拉图在《理想国》中多次谈论的那样;[2]故而,这件事情具有着要去避免的自然本性。随着那种美德的实现而来的是幸福或一大部分的幸福,虽然期限是短暂的;但随着罪恶而来的却是悲惨,柏拉图目睹了罪恶是悲惨而其结果则是死亡,因为不朽不会由于犯罪的缘故而到来,除非是臭名昭著备受辱骂的那种不朽。亚里士多德在《伦理学》第1卷中说过:“漫长的一生并不比短暂的一生更为可取,除非其他条件也全都是对等的。”[3]

选择死亡在这般情况下也并非是为了其自身考虑,因为它什么都不是;而是为了一种正直的行为,

---

① Cf. iii 4, 1111 b 33ff.

② Cf. i 354 a.

③ Cf. i 4, 1096 b 3ff.

即便这会带来死亡；亦即在拒绝犯罪的时候并没有拒绝生命，因为生命本身是好的，只是拒绝犯罪的代价是生命罢了。对此的反驳建基于《斐多》中的陈述，①柏拉图在《理想国》②和《克力同》(*Critone*)③中认为，正如得了无药可救的病症的生活应当被拒绝，不，甚至应当被剥夺，同样有罪的灵魂也应当被根除；灵魂如果要在罪恶中永生的话，那就是最大的悲惨，因为对于灵魂来说，没有什么比罪恶本身更为糟糕了。不过，柏拉图说，这是就实际上会发生的事情而言的，因为如果人们并没有希望死后会有更好的生活，那么他们忍受此世无疑没那么简单，因为他们不知道美德的优越与恶德的可耻。只有哲学家和正直之士，像柏拉图在《理想国》④和亚里士多德在《伦理学》第9卷⑤说的那样，知道美德会产生多少愉快而无知与恶德会产生多少悲惨不幸。不，苏格拉底在柏拉图的《申辩》中说道："不论灵魂是有朽的，还是不朽的，死亡都是被轻视的。"⑥我们也不应当以任何方式偏离美德，不管死后会发生什么。我认为，可以用同样的方式来阐释圣托马斯在《使徒的象征》

① 63 b.
② Cf. x 608 d ff.
③ 47 d ff.
④ Cf. ix 582 e ff.
⑤ Cf. ix 8.
⑥ Cf. 40 c ff.

(*Super simbolo apostolorum*)①中所说的话，哪怕与遭受死亡相比，也不应当犯下罪行，如果灵魂是有朽的——我认为，那样说既不明智，也不符合神学——但是对于那些不知道美德的优越与恶德的卑污的人们，相比死亡，则宁愿犯下每一宗罪行。因而，要限制人们可憎的欲望，就要赋予他们奖赏的希望与惩罚的恐惧。

同时，如果接受了灵魂的有朽性，那么人在某些情况下就会遭遇死亡，并且也没有脱离禽兽的很多行为，无疑灵魂在这些方面是有朽的且为自然本能所引导着。就像亚里士多德在《动物志》第30章②讲述而维吉尔在《农事诗》(*Georgicorum*)第4卷③所回想的那样，蜜蜂冒着生命危险去保护它们的统治者和它们的共同体。他还在同一个地方写道，雄性乌贼会拼死去拯救它的伴侣。他又在《动物志》第9卷第37章说道，一匹骆驼咬穿了一个赶骆驼的人，因为他用诡计逼着它去跟它的母亲交配；还有一匹马，受到了一样的骗局，便犯下了一样的罪行；但当它发现自己做了什么的时候，就立刻自杀了。现在，既然这些事情是根据自然而做的，那它们就是根

① Chap. 14 (ed. Fretté, XXVII, 226).

② Cf. ix 40, 626 a 13ff.

③ Cf. iv 67ff.

据理性而做的，因为在忒弥修斯和阿威罗伊的观点中，自然是由一种不会出错的理知所指导的。故而，在人这里，也是不与理性相冲突的。

然而，至于第三种原则性的反驳，也就是断定上帝要么是宇宙大全的统治管理者，要么他就是不公正的；对此，我要说，二者皆非。我还要说，没有邪恶在实质上是不受惩罚的，也没有任何善好在实质上是不受奖赏的。要证明这一点，就必须要知道赏罚有两方面的含义：一种是本质性而不可分的，另一种是偶然性而可分的。美德本质性的奖赏就是美德本身，它使人幸福。人性能把握的没有什么比美德自身更好的，因为正是它使人感到稳当，并不再觉得有任何不安或烦扰。因为在热爱善好的人那里，所有方面都会集聚在一起发挥效果：无所畏惧，无所奢求，在茁壮成长与逆境厄运中都能安之若素，正如《伦理学》第1卷的结尾[①]和柏拉图在《苏格拉底的申辩》[②]中所说的那样："任何邪恶都不会发生在好人身上，不论是死是活。"[③]而恶德则刚好相反。对恶人的惩罚就是恶德本身，没有什么比这更苦不堪言、更悲惨不幸。恶人的生活是多么扭曲，避开这样

---

① Cf. i 11, 1100 b 20—21.

② 译注：此处原文为《克力同》，而注释出处为《苏格拉底的申辩》，疑原文有误，兹改之。

③ *Apology*, 41 d.

的生活是多么美好,亚里士多德在《伦理学》第7章中有所点明,[1]在那里,他表示,对于恶人来说,一切事物都是不协调一致的。他对任何人,即便是对他自己,都无法忠实,不论是醒着,还是入睡,他都不能安宁;他被身体与灵魂的可怕折磨所困扰:一种最为不幸的生活。所以,一个有智慧的人,不论如何穷困,不论身体如何羸弱,不论其财产被如何剥夺,都决不会选择一个暴君僭主或一些邪恶的统治者的生活,那个有智慧的人宁愿维持他自身的境况;而每个善人则都被他的美德与幸福所奖赏。由是,亚里士多德在《问题集》(*Problematum*)第30卷的第10个问题中,当他问为什么奖赏为竞争而设却不为美德和知识而设的时候,他说,这是因为美德是其自身的奖赏。因为奖赏应当比竞争更为优异,而既然没有什么比审慎更为优异,那么它就是它自身的奖赏。然而,在恶德这里,发生的事情则刚好相反,所以没有一个恶人是不受惩罚的,因为恶德自身就是针对恶人的惩罚。

并且,偶然的奖赏或惩罚是可以分开而论的,比如,黄金,或任何种类的处罚。不是每一种善好都受到奖赏,所以也不是每一种邪恶都受到惩罚;但这也不是不适当的,因为它们不过是偶然性的。应该明

---

① Cf. vii 6ff.

白这两件事:首先,那偶然性的奖赏远不如本质性的奖赏要来得完美,就像黄金远不如美德完美。偶然性的惩罚也远不如本质性的惩罚;因为偶然性的惩罚是一种处罚性的惩罚,但本质性的则是那种罪恶性的。而罪恶性的惩罚远比处罚性的惩罚要来得糟糕。由是,在某些时候,如果偶然性缺席了,那是无关紧要的,只要本质性的留存下来即可。其次,另外还要知道的是,当善好得到偶然性的奖赏时,本质性的善好就仿佛被削减了,它也不再完美地留存下来。举个例子,如果一个人行善而不求回报,而另一个人则怀着求得回报的期望,第二个人的行为就不会被当作和第一个人一样有德了。由是,那个没有得到偶然性奖赏回报的人得到的本质性奖赏回报会更甚于那得到了偶然性奖赏回报的人。同样,行恶的人如果受到了偶然性的惩罚,他受到的这种惩罚似乎就轻于那没有受到过偶然性惩罚的人;因为罪恶的惩罚要比一种处罚的惩罚严重而强烈得多;而当一种处罚的惩罚被附加在了罪恶之上,它就削减了罪恶。由是,那个没有得到偶然性惩罚的人得到的本质性惩罚会更甚于那得到了偶然性惩罚的人。同样注意到了这一点的拉尔修(Laertius)[1]如是描写亚里士多德:当亚里士多德被问及他从哲学中收获了

① Diogenes Laertius v 1, 20.

什么的时候，他回答说，“你们从对奖赏的希望和对惩罚的恐惧的回避中收获，而我则从对美德的热爱与崇高以及对恶德的仇恨的回避中收获”。至于为什么有些人受到偶然性的奖赏或惩罚，而有些人则没有，这与当前的论题并不相关。

至于针对第四个反驳意见的回应，即既然所有的宗教都主张灵魂是不朽的，那么几乎全世界都受到了欺骗，我要说，如果整体不是别的而就是它的部分的话，就像许多人所以为的那样，没有人是没有受到欺骗的，正如柏拉图在《理想国》中所说，[①]那这就并不是错误的，不，那就必然要承认要么是全世界受到了欺骗，要么至少是其中占更大比重的那一部分人。例如，假设只存在着三种宗教，基督的、摩西的和穆罕默德的；那么，要么他们就全是错的，也就是全世界都受到了欺骗，要么至少是他们之中的三分之二，也就是占更大比重的那一部分人受到了欺骗。

然而，必须知道的是，如柏拉图与亚里士多德所言，政治家是灵魂的医师，而政治家的目的是使得人们变得正直而非有学养。现在，根据人的多数性-多样性来看，一个人必须采取各种不同的手段来达成这一目的。因为有些人被神塑造得富有能力和天性，他们只因美德本身的崇高而朝向美德，

① Cf. i 334 c.

也只因恶德本身的卑污而防范恶德。这些人的自然本性是最好的，虽然他们只是极少数人。还有一些人，具有一种不那么良序的天性，并不因为美德的崇高和恶德的卑污而行善避恶，他们这么做是为了奖赏、赞美与荣誉，以及防止像谴责与恶名这样的惩罚。这些人位居于第二层级。又有一些人，出于对一些好处的期待和对身体性惩罚的恐惧而行正直之事。他们会获得这样的美德，是因为政治家为此所确定的好处要么是金子，要么是尊贵，要么就是别的这类东西；他们会避开恶德，因为他们确定的是他们会在金钱上或荣誉上或身体上受到惩罚，也就是肢体上的残害或者就是被杀死。但更有些人因其天性的凶残与变态而丝毫不为所动，就像日常经验所教诲的那样。故而，针对他们要设定来世之于行美德之人的永久奖赏，以及对行恶德之人的永久惩罚，因为这是更能使人们感到害怕的。更大多数人，若是他们行善，这乃是出于对永久惩罚的害怕并更甚于对永久善好的期冀，因为我们更为熟悉的是惩罚而非永久善好。那么，既然这一最后手段对所有人都有好处，并且无论是哪个层级的人，于是立法者鉴于人们对恶的倾向性，为了公共的善，为了共和，便判定灵魂是不朽的，这不是出于对真理的考虑，而仅仅是为了正义，为了能引导人们通往美德。

政治家的这种做法无可非议。因为正如医师为了恢复一位病人的健康而在许多事情上作假，同样，政治家也会制作寓言以保持公民们走在正轨之上。但在这些寓言之中的，如阿威罗伊为《物理学》第3卷所作的序所言，[1]严格来说，既非真理，亦非谎言。不然，保姆因为做了据她们所知对孩子好的事情也将会受到指控；但如果一个人是健康的或拥有健全的头脑，那么医师和保姆也就都不需要这样的虚构了。由是，如果所有人都位居上述的第一层级，那么即便授予他们灵魂的有朽性，他们也会是正直之士；但几乎没有人具备那样的自然本性。由此，通过其他手段来达成这一目的就是必要的。这也不是不合适的，因为人性是几乎全然浸没于物质之中的，而在理智中则参与得极少；因此，人与诸理知的距离比一个生病的人与一个健康的人还要远，比一个男孩与一个男人的距离还要远，比一个傻子和一个智士的距离还要远，所以政治家使用这样的手段就一点也不奇怪了。

第五条原则性的反驳意见涉及两点：一点关乎于在坟墓边所看到的东西；另一点则有关梦中所见。对于这些东西的前者，我要说的是，首先，许多被算在历史里的东西不过是寓言罢了。其次，据说在坟墓的附近，正如在许多地方一样，空气异常沉重，这

---

① 这一序言并没有发表于1560年的版本中。

部分是源于尸体的蒸发，部分是源于石块的寒冷，以及其他许多造成空气凝重的原因。但就如《天象学》(*Methaeororum*[①])第 3 卷中所言，[②]在论述彩虹的那一章节，“这样的空气很容易接受附近之物的影像，就像一面镜子接受形象”。于是，在如此被处理的空气中所见到的东西就被头脑简单的人们想成是好像就在那里的东西，正如小孩子把在镜中和水中所见的东西信以为真。亚里士多德就讲过有一个弱视的人，他在晚上看到了自己的影子，便以为是有一个人在跟着他。也正是如此解释这般偶然之事的那种头脑简单的人认为那些东西是死者的灵魂，想象力和普遍的传闻也对此有所助长。故而，正如亚里士多德在《论睡眠》第 2 卷所讲的那样，[③]很多东西被那些生活在恐惧或其他激情之中的人们当作是亲眼所见，他们虽然是醒着的意识着的，却并非是存在着的；就如同发生在那些病人身上的事情一般。

第三，据说由于邪恶教士的设计和花招，这种事经常发生，如同《但以理书》最后一章讲到偶像彼勒(idolo Bel)时所述的那样。[④] 寺院中的许多教士和卫士将四枢德(quatuor virtutes cardinales)改变为野

---

① 译注：疑误，应为 *Metheororum*。

② Cf. iii 4，373 b 8—9.

③ *De somniis*，chap. 2，460 b 3ff.

④ Dan. 14：2ff.

心、贪婪、饕餮与挥霍,而其他所有人也都追随着这些罪恶。只要他们可以满足自己的欲望,他们就会利用这些诡计与谎言;就像在我们时代我们所知的偶有发生的那些事一样。第四,据说是因为许多希腊人与罗马人的历史都叙及了奇迹。对于值得记录其人的生与死而言,那种预兆的出现是再确定不过的了。事实上,苏埃托尼乌斯(Suetonius Tranquillus)在其《罗马十二帝王传》(*De duodecim Caesaribus*)一书中就曾讲到由鸟和诸神的回应以及许多其他事情所展示的伟大迹象。普鲁塔克在其《希腊罗马名人传》(*De vitis illustrium virorum*)中也丝毫不乏此论,还有我们的维吉尔,在其《农事诗》第1卷的结尾这样唱道:

在那时,土地与大海齐平,
不祥的恶犬,还有不合季节的飞鸟,
纷纷显出了预兆:在独眼巨人的地盘上,常常沸腾着的是
我们所见到的雅典娜爆裂开来的炉壁,
熊熊燃烧的火球与液化而流落的岩石!
天上的战争的喧哗为那些日耳曼人
所聆听,不寻常地剧烈摇晃着阿尔卑斯山脉。
穿越寂静的小树林的一种声音

剧烈无比，还有奇妙而暗淡的幻象
在暗夜中影影幢幢；野兽呼叫着
——可怕——！河流静止而大地张开了口，
青铜冒汗而象牙流泪。[①]

卢卡努斯(Lucanus)也联系了不少东西。在《马卡比传》(*Machabeorum*)第2卷第5章中如是写道："大约就在这个时候，安提阿哥四世第二次进攻埃及。在近40天的时间里，全耶路撒冷的人们全都看到了这样一种幻影：身披金铠金甲的骑士们在天空冲来冲去。他们手执长矛，宝剑出鞘，摆好战斗行列，进攻反击，互相攻杀。盾牌叮当作响，空中长矛如雨，箭似飞蝗。各样甲胄和金质马具在阳光下闪闪放光。城中所有的人都祈祷这些幻影或能成为好的兆头。"[②]

因此，古人神谕式的反应看似并非全然毫无意义。甚至，要拒绝这种东西似乎是极为固执己见而不够审慎的。因此，我们必须换种方式来说。假使它们不是虚构、不是幻觉、不是我们的想象的

---

① i 469—80(T. F. Royds 译)。译注：这一英译有不少问题，中译直译自拉丁文原文。

② II Macc. 5：1—4. 译注：译文引自《圣经次经》，赵沛林、张钧、殷耀译，时代文艺出版社，1995年，第419页。

话，我们就必须说基督徒，以及几乎举世的每一种宗教，还有柏拉图和阿维森纳（Avicenna）以及其他许多人都主张这些事情是由上帝或他的使者所为的，好的使者我们称之为天使，坏的则称之为恶魔。固然这两者是有区别的，但这与我们现在的话题无涉。

这些人认可人类灵魂是无条件不朽且多数的，如我们所熟知的那样。不过，这明显与亚里士多德的话相悖，因为没有一种非质料性的实体是不能推动一个天体的；在《形而上学》第12卷中，他主张理知的数量对应于天体的数量。[①] 这也不会影响以下不可约省的他的观点，比如，在《物理学》第8卷[②]和《天象学》第1卷[③]出现的对第一运动的看法。另外，因为在我看来，这并不能为具有结论性的自然理性所证明。故而，我们不能停留于自然限制之中，不管怎样，这在开头我们就已经保证过了。由此，阿弗洛底西亚的亚历山大，如同圣托马斯在关于有争议的问题《论奇迹》（*De Miraculis*）条目3和10中[④]所联系到的那样，在关于身体的问题上，

---

① xii 8.

② viii 6ff.

③ i 2，339 a 30ff.

④ *Quaestiones disputatae*，*De potentia*，Question VI：*De miraculis*，articles 3 和 10（ed. Fretté，XIII，188 和 212）。

认为这些东西是由分离的实体所产生的，凭借神圣身体的中介，根据群星的能力，以及它们的结合与对立。确实，如果这些作用得到保证的话，根据逍遥学派，就没有别的方式可言了；因为这下面的全世界的临界点都在这上面了，所以每一种能力都是从那里受到支配的，正如《天象学》开头所讲的那样。① 看来这么说也并非毫无道理。亚历山大就主张上帝和理知以神意操演着下面的事物，圣托马斯在对《论天》第2卷条目56的阐释中如此评注了他的观点。② 亚历山大在《论命运》中还专门表示了对这一点的认同。③ 因而，他会根据时空的境况来管控下面的事物，包括帝王与预言，以及其他的事件，所以就像《马卡比传》中所言，有时这些东西是会出现的，正如发生的事件所显明标记的未来战争；尽管或许这些也是可以被避免的，因为根据亚历山大，在《论命运》中，他主张自由意志。④ 如果这些东西能为神圣的身体所预示的话，也就并不奇怪了，因为它们是被一个生成与掌握下面所有事物的最高贵的灵魂所推动的。

---

① i 2，339 a 21ff.

② Lectio 14，par. 11（Editio Leonina，III，177）.

③ *Alexandri Aphrodisiensis Praeter commentaria scripta minora*，ed. I，Bruns（in *Supplementum Aristotelicum*，Vol. II），Part II（Berlin，1892），p. 188，1ff.

④ *Ibid.*，p. 180，3ff.

对那种事情持同样说法的还有提图斯·李维、苏埃托尼乌斯、维吉尔、普鲁塔克和上述的卢卡努斯。如果显然在春天、夏天和其他季节之前都会出现迹象的话,那么那些理知该是有多挂念人类的自然啊!这真是显而易见。我就不记得读过在任一方面杰出之士的生与死是不曾伴有诸多预兆的,不,甚至是对他的许多行为的预兆。还有柏拉图主义者们所谓的天才或常见的精灵,以及逍遥学派所谓的他的本命星;因为这样的一个人是生于这样一个星座之下的,而别的人则生于别的星座之下。要是我们能够不需要这些多样的精灵和鬼怪的话;去预设它们就显得多余了;况且事实本身也与理性相矛盾。

故而,神圣的身体会根据它们的能力而为了有朽者的好处产生这些奇迹,特别是为了人们,因为人性分有着神性。

亚里士多德在《动物志》第20章[①]讲道,在莱姆诺斯(Lemno)岛上,有一只双乳靠近生殖器的公山羊能挤出如此之多的奶水,以至于人们都用它来制作奶酪;而当这一牲口的主人祈求神谕的时候,他得到的答案是,他的家畜将会得到更进一步的繁殖;后来发现果然如此。因此,如果它们对家畜都会给出预兆的话,那给人们的岂不是更

---

① 522 a 13ff.

多了!

然而,圣托马斯却用了很多微妙的论辩来攻击这一观点。第一,因为这样的事件是以不寻常的方式发生的;而自然发生的事件则以寻常的方式发生,参考《物理学》第2卷和第8卷。[①] 第二,因为这种事情中的幽灵鬼影所造成的效果是无法回溯到神圣的身体上去的,比如,关于未来的言论,特别是预言,因为这样的事情,除了具有理智的家伙之外,是无法做到的;但这样的事情通常是非人为而没有被推动的,或者说,缺乏理智的,比如,什么野兽在说话,或在空气中听到人的声音,或者其他类似的事情,等等。第三,因为有些事情的发生是非神圣的身体力所能及的,比如,树枝变成了毒蛇。因此,这似乎并不是答案。

不过,在我看来,这些事情是不能证明结论的。对第一点的回答,恰恰相反,这些事情是以寻常方式发生的,而且在时间和空间上皆然,凭借的则是确定性的原因等等。证据就是许多占星家都知道如何预言它们,而且未来的奇事、国家的变革、确然的地点也是常为人们所见的;而在我们看来并不确然,只不过是由于我们的无知罢了。至于第二点,圣托马斯曾大力强调,我不想说我感到惊讶,只是

---

① ii 8, 198 b 35—36 和 viii 1, 252 a 11—12。

我没有正确地理解。根据他的意思，有关这类事情的效果和言论是由诸理知所达成的，有时候是好的，有时候是坏的，有的由神意的许可所为，而有时则由现在已经从身体中分离出来的人类灵魂所为。然而，彼时所有这样的东西都不是那些身体的形式，不论有无生气、有无被推动，不论怎么听说。它们只是推动者而已。那么，为什么理知不能凭借它们的工具来推动神圣的身体这么做呢，既然这可以达成如此之多如此伟大的事情，让鹦鹉、喜鹊、乌鸦、画眉等等说话？我看不出为什么如此断然地拒绝这些，特别是因为他还在《大全》第1集问题51中[①]主张一名天使可以借助于一个在空中凝缩而有形的身体来说话或发出什么别的声音。现在，神圣的身体也可以借助于它们的能力和群星的聚合来达成这些甚至更加伟大的事情，因为它们使得石头和植物中出现动物和其他神奇的事物；它们也就可以达成这些事情。

在阐释第11部分第26个问题的时候，即“问题在于，有些人在刚出生时就会说话”，这一点也被我们的那位撮合者所巩固了。[②] 他说，“哈里·阿本拉

---

① Article 2 (Editio Leonina, V, 16—17).

② *Expositio... Petri de Ebano... in librum Problematum Aristotelis* (Venice: John Herbert, 1482, Hain 17), Part XI, Problem 27, fol. u 4.

吉(Haly Ebenragel)在《论诞生》(*De nativitatibus*)中这样写道:'我们的国王因为他的一个老婆生了一个孩子而召见我们,上升星座为天秤座8度,端点为水星,其中有木星、金星、火星和水星。一群占星家聚在那儿,各抒己见。我则保持沉默。接着,国王问我,怎么啦? 你怎么不说话? 我回答说,给我3天期限;因为如果你的儿子能活过第三天的话,就会有一桩伟大的奇迹发生。而当这个孩子度过24小时的时候,他开始说话了,并且还会打手势。国王感到越来越惊讶;在那时,我便说,可能他会说一些预言和奇迹呢。接着,我们就跟国王一起守在这个孩子身边。而后,这个孩子开口道:我生而不幸,我的出生是为了预告阿加迪尔(Agedeir)王国的衰落和阿尔曼(Almanni)家族的灭亡。他紧接着就往后一仰,断了气。'"后来发现事情恰如他所言。那么,这个孩子要么是凭一种精神,要么就是凭他自己说的话。不是前者,因为哈里靠占星学无法得知如何预言他所说的事情;那他就是凭自己说的话了,那是内在的,而并非是来源于任何人的知识;故而,其来源是诸理知和神圣的身体的能力。因此,别的事情也可能会这样发生。

然而,要是说所有的教诲和指示都来自于先前已存在的知识,我的回答是,这并非教诲或知识,也不是先前所谈及的知识。这方面的标志该是那些预言家们，当他们从疯狂中恢复过来的时候，什么都不记得了，哦，不，应该说是否认他们说过那些。他们是被一种神圣的冲动驱使了。由是，柏拉图在《美诺》(*Menome*)①和许多其他地方都说过，"预言家们宣说了非常多的真正的事情，却对他们所说的一无所知"。在《问题集》第30卷的第一个问题里也可以看到，"女巫和先知以及所有被认为是由一种神圣的灵感所激发的人，都被冲动引导着"。② 撮合者在那一段也说道："我从一位真诚的医师那里听说，有一个文盲妇女在她神志不清的时候说着连贯的拉丁语；而当她恢复了之后，这一现象就不复存在了。"③看来这种事发生的唯一原因只能在于身体的倾向随着群星而运动。

现在，对于圣托马斯的第三种反驳，回答是，逍遥学派会说，这些东西都是错觉幻觉，就像很多在媒介或眼睛之间的交错转换所产生的东西那样。或者，如果是真实的话，我们就并不在自然的限制之内，因为我们排除了奇迹。在梦之上所附加的，是我们所预设了的那些更伟大的东西。不认为灵魂是多数的阿威罗伊，在《论梦的预见》(*De divinatione somniorum*)里充分地认可了这一点；④认为灵魂有

---

① 99 c.

② Cf. 954 a 36—37.

③ Part XXX, Problem 1 (*op. cit.*, fol. N 3).

④ Cf. *Opera Aristotelis*, Vol. VII, fol. 169v ff.

朽的盖伦同样如此。不,从医学上来讲,很多事情都是靠梦来达成的,但这不能证明灵魂是不朽的,只能说明诸神是关注底下的事物的。因此,他们借助于醒来或者梦中的迹象,以教诲许多事情,并在人类事务之上施行神意;正如阿威罗伊在此充分说明的那样。至于那些阿卡迪亚人所说的田园牧歌式的东西也并不是陌生的,因为柏拉图在《理想国》第 5 卷中就说过:"那些对陌生人做了错事的人,神将是其复仇者。"[①]对潘菲利亚(Pamphilo)的引证不过是一种意在限制公民的寓言。

但是,至于为什么有些人未受惩罚,甚至反而受到了奖赏,这一问题并不属于当前考虑的范围。那位评注家在那里触及了很多优美而困难的东西,与我们的意图并不一致。

现在,该到关于那些被精灵所控制的人的第五点了,通过之前所述可以清楚地了然对此的回答。所有这样的人都流淌着黑胆汁或遭受着精神错乱,要么是神志恍惚,要么是濒临死亡,并且远离了人类的思维和思想;他们由此而变得几乎毫无生气或者非理性化。因而,他们可以接受到神圣的运动,并被淋巴刺激所驱使和引导而无法自主自为。这一点的归结性标志就是,如柏拉图所言而亚里士多

---

① Cf. *Laws* v 729 e.

德所同意的那样,他们不能理解自己在说些什么,而只是像禽兽一样由他者所推动。故而,常言道,孩子和傻子预言,智慧和健全之士对这类事情感到陌生。也不该有人对此表示惊异,因为亚里士多德在《动物志》第9卷第31章写道:"当麦迪奥斯(Mediae)的敌军在法尔萨罗(Pharsala)遭遇袭击的时候,雅典和伯罗奔尼撒的上空没有一只乌鸦盘旋,就好像它们有相互之间了知的某种感应似的,它们会被事情发生的结果所推动。"[①]如果乌鸦能从天上感应到这类未来的事件,那为什么那些人类不能也这样呢?他们的立场几乎不比乌鸦来得要高,因为他们所具备的理智简直少得可怜。就让那些这样反对的人考虑考虑占卜师也会从中获得他们的预测的禽兽吧!占卜的技艺并不是全然没有价值的,希腊和罗马的历史明确表现了这一点;柏拉图也在《法律篇》里[②]确立了在一座秩序良好的城邦中占卜的技艺不应被忽视的地位。亚里士多德还在《动物志》第1卷第10章、第6卷第2章以及第9卷第1章中,就占卜的技艺做了一些相关的回忆。[③] 不过,如果鸟儿和许多造物缺乏理性却可以通过上天的影响作出预告的话,为什么人不能也像它们那样

---

① 618 b 13ff.

② Cf. viii 828 b.

③ vi 2, 559 b 20.

呢？这亦已得到了印证，因为否则的话，占星师们就无法作出如此确然的预测，如前所见，除非天上神圣的能力对下界施加了作用。如果他们有时看着像是在撒谎，这是因为他们要么技巧不熟练，要么没有正确地运用十二宫图的缘故，再要么就是因为自由意志越过了天上神圣的能力。

对第七个反驳的回应就是，亚里士多德无论如何都不会相信灵魂在死后会持存下来，他所相信的毋宁是相反的东西。就此，《伦理学》第1卷的相关段落[①]可谓再明晰不过了，因为他说这对它们既无益亦无害，因为它们什么都不是，不过是他们所主张的观点罢了。这种存在在荷马的脑中是死人也会具有的。正如《家政学》第2卷第2段所示，[②]回答就是要么这些女人在她们的来世受到诸神的奖赏，但没有说是在死后，要么如果是死后的话，就要理解为涉及到他们所主张的观点，或者这会引导其他女人们好好表现。

至于对第八点即最后一点的反驳，其中说，那些道德败坏又作恶多端并且意识到他们自身罪责的人断言灵魂是有朽的，而那些圣洁且正直的人则主张其为不朽；对此，要回答的是，既不是道德败坏的人

---

① Cf. I 11，1100 a 16ff.

② See above，n. 189.

普遍主张有朽性,也并非节制之士普遍主张不朽性。很明显,我们看到,许多恶劣的人信仰着宗教,却又为激情所引诱。我们还知道,很多圣洁且正直的人主张灵魂的有朽性。柏拉图在《理想国》第1卷[①]就说,诗人西蒙尼德斯是一个神圣的大好人,尽管如此,他却断定灵魂是有朽的。荷马也是,如亚里士多德《论灵魂》第2卷所谈到的那样,认为感觉与理智并没有什么不同。[②] 可谁又不知道荷马的价值呢?希波克拉底,还有盖伦也是,都是最有学识的好人,也都被认为持有这一观点。阿弗洛底西亚的亚历山大、伟大的阿尔法拉比、阿布巴卡尔(Abubacher)、阿芬巴塞(Avempace)、我们的同乡老普林尼、塞涅卡还有无数的其他人都是这么认为的。比如,塞涅卡,在《致卢齐利乌斯书简》(*Epistolarum ad Lucilium*)第7卷第54封[③]的开头写道,“糟糕的身体状况给予了我长久的陪伴”,《致玛西娅的告慰书》(*De Consolatione ad Martiam*)[④]则更为明确,断定了灵魂是有朽的,他还列举了很多其他持有相同观点的正直且最为博学之士。因为这个原因,他们认为美德本身即幸福,恶德本身即悲惨,并且忽视了其他剩下的

① 331 e.

② iii 3, 427 a 25—26.

③ *Epistles* vi 54. 译注:正文与注释卷数不符,疑误。

④ Cf. chap. 19, 4ff. 和 23, 1ff. 。

东西,除非它们可以为美德服务,更抛弃了那些妨碍美德的东西。

还要考虑到的是,很多人尽管写道,灵魂是不朽的,但实际上却认为它是有朽的。他们这么做不过是为了顾及那些倾向于邪恶的人,这些人具备的理智少得可怜或几近全无,既不知道也不热爱灵魂的好,而是将自身仅仅投入身体性的事物之中。因此,有必要通过这种手段来治疗他们,正如医师对病人和保姆对幼儿因其缺乏理性而所做的那样。

根据这些理由,我认为,其余诸点都可以迎刃而解了。虽然通常会说,如果灵魂是有朽的话,人就应该将他自己完全交付给身体性的快乐,为他本身的好处而犯下每一桩罪行,而爱慕上帝、崇敬神圣、做出牺牲以及做其他类似的事情都是徒劳的,如前所述,我的作答已经昭然若揭。既然幸福就是自然欲望与规避悲惨,并且据前所论,幸福是由美德的行为所组成的,而悲惨则由恶德的行为所组成,既然全身心地爱慕上帝、崇敬神圣、好好祈祷、做出牺牲等行为都是最高层级的美德,那么我们就应该全力以赴地去争取这些。相反,小偷、强盗、杀人犯,这种享乐的生活充满了恶德恶习,会使人变成一只禽兽,而不再是一个人;那么,我们就应该戒绝这些。此外,要注意,一个用良心来行动的人,除了美德之外,并不会期待任何其他的奖赏,这似乎比期待美德之外的其他奖赏的人远为有德性且纯粹得多；而一个出于恶德的卑污而避免恶德的人，似乎比害怕惩罚而避免恶德的人要值得赞美得多，有诗为证：

> 好人恨罪因爱德，
> 恶人恨罪怕遭责。[①]

故而，那些宣称灵魂是有朽的人看来还比那些宣称其为不朽的人更好地保存了美德的根基。因为希望奖赏和害怕惩罚似乎暗示了一定程度上的卑屈奴态，而这与美德的根基是背道而驰的，以上。

要完成这一论点还必须知道的是，亚里士多德在《论动物生成》中如是教诲，[②]自然的发展与行进是按阶次与秩序的，不会以极端的方式突然进入极端，而会通过中介来变得极端。比如，我们看到灌木充当了草丛与木丛的中介；在植物与动物之间的是不动的动物，例如，牡蛎之类；接着再逐步上升。圣狄奥尼修斯(beatus Dionisius)[③]在《论圣名》(*De divinis nominibus*)中[④]也是这么表示的，即当他说神圣的智慧参与了更高事物的结尾与更低事物的开端

---

① 这似乎是一句中世纪谚语。

② Cf. iii 10, 760 a 31.

③ 译注：即伪狄奥尼修斯。

④ *Dionysiaca*, I (Paris, 1937), 407.

的时候。而人,如前所述,乃是动物中的最完美者。那么,既然在质料性的事物中,人类灵魂排在首席,那么它也会参与到非质料性之中,作为一种质料性事物与非质料性事物之间的中介;但一个中介与极端者相比,可以被称作极端的另一头;由是,与非质料性事物相比,可以被称作质料性的,而与质料相比则是非质料的。它所应得的也不只是那样的名字而已;事实上,它分有着极端者的属性。正如绿色与白色相比而被称作黑的;它确实获得了像黑色一样的景象,尽管没有那么强烈。

因此,人类灵魂具有诸理知的属性的一部分和一切质料性事物的属性的一部分;所以当它通过与理知一致时所发挥的功能,就可以说是神圣地变成了一位神;而当它发挥禽兽的功能时,就说是变成了一头禽兽;因其恶意的预谋而被称为一条毒蛇或一只狐狸,因其凶残而被称为一头老虎,如此等等。在这世界上,没有哪部分属性是不能与人自身相一致的;故而,人被称为一个小宇宙或小世界并不是不相称的,所以有些人说,人是一个伟大的奇迹,因为他是整个世界并且可以变成每一种自然本性,因为他被赋予了可以追随不论什么他更喜欢的事物的属性的权力。故而,当古人说有些人被造成神、有些成狮、有些成狼、有些成鹰、有些成鱼、有些成草木、有些成山石等等的时候,他们所讲述的乃是确确实实的寓言;因为有些人获得理智、有些获得感官、有些获得植物灵魂的能力,等等。

因此,那些将身体性的快乐放在伦理或理智德性之上的人,毋宁是在化为一头禽兽,而非一位神;那些将财富放在头一位的人,毋宁是在化为黄金;所以前者可以被称为禽兽,而后者则无生无觉。故而,虽然灵魂是有朽的,美德却不会遭到轻视,感官快感才应该受到鄙视,除非一个人更喜欢被称为一头禽兽而不是一个人,更喜欢无生无觉而不是有觉有知。然而,我们必须知道人是如何在质料者和非质料者中参与分有的,他更适当地被称为分有非质料者,因为他缺乏足够多的非质料性;但他被称作分有野兽和植物的属性则是不适当的,他应该被称作是包含它们,因为他是在非质料者之下和质料者之上的。故而,他不能达成非质料者的完美性,所以人不能被称作是神,但却是像神一样的,或者说,神圣的。人也不能仅仅把自己对等于禽兽,不,人是超越禽兽的;有些人的残暴远甚于禽兽,如亚里士多德在《伦理学》第7卷所言:"邪恶的人比一头禽兽还要恶劣十倍。"[①]针对残暴所说的话,也可以适用于其他恶德。那么,恶德就是极为卑污的,而一个恶人的生命又是极为不正义的,但美德则恰恰相反,所以即便灵

① vii 7, 1150 a 7—8.

魂是有朽的，又有谁会选择恶德而非美德？除非他选择成为一头禽兽或者宁愿禽兽不如，而不是成为一个人。由此可证。

十五 终 章

其中确证了这一论题的最终结论，在我看来确凿无疑必须这么主张

现在，既然这些事情是这样子的，我看关于这一论题，若要保持更为理智的观点，我们必须说，关于灵魂不朽性的问题是一个中性问题，就像那个世界的永恒性问题一样。因为在我看来，没有什么自然理性能进一步证明灵魂是不朽的，也没什么能证明灵魂是有朽的，即便许多学者宣称其为不朽。因此，我不想提出站在另一边的回应，既然那么多人那么做，尤其是圣托马斯，那么明确、充分而有力地那么做了。由是，我们应该说，如柏拉图在《法律篇》第1卷中所言，①要确定任何东西，当很多人都对此存在疑问的时候，只得将其留给神了。因为既然如此有名的人们都互相不同意的话，我想这也只能让神来确认了。

---

① 641 d.

但是,人们对此缺乏这样的确定性似乎并不是合适的,或者说,方便的。因为如果他对此存疑的话,他就会有不确定的且漫无目的的行为了;因为如果目的是未知的,那么可达到目的的手段也将必然会是未知的。由此,如果灵魂是不朽的,世俗的事物就应当被轻视,而永恒的事物则应当被追求。但是,如果其存在是有朽的,那么追求的就会是一种相反的方向;而如果除了人之外的其他东西都有其本身确立的目的,那人自身就更应该有这一目的,既然人在有朽者中是最完美的,是唯一的一种,如柏拉图在《默涅克塞诺斯》[①]中所言,崇拜神或正义的有朽者!所以我说,在那天赋或优雅的基督降临之前,"先知在许多地方以许多方式"还有上帝自己的超自然显迹都敲定了这个问题,这在《旧约》里可以看得非常明了。不过,"最近的是他通过让圣子成为一切的继承人,通过他来筑成数个世纪",他阐明了这个问题,如同使徒在《希伯来书》(*Ad Hebraeos*)中所说的那样。[②] 即他是真正的上帝之子、真正的上帝以及真正的人,正是如此毫无疑问,是教名之光,圣托马斯·阿奎那在《反异教》第 1 卷第 6 章中如是宣称。[③] 在我看来,把这些观点论述得最精妙的并且

---

① *Menexenus* 237 d. 译注:正文原为《理想国》,疑误。

② Heb. 1:2.

③ Cf. also iv 3ff.

高居大多数宗教之上的人莫过于约翰·司各特(Ioannes Scotus),在《箴言四书》(*Sententiarum*)的序言里,他将它们简化为八点列举出来,①而这八点实际上是如此清楚,以至于没人会否认,除非他是个疯子或老顽固。因此,他是真正的上帝,他自身是真正的照见万物的光,如《约翰福音》第1章所示,②他自身也是证实其他事物的真理,如《约翰福音》第14章所言:“我是方向、真理和生命。”③他自己用言语和行为显明灵魂是不朽的,他用语言威胁邪恶之人以永恒之火,而承诺善好之人以永恒生命;他说,“来,吾父护佑之人”,④接着是,“去,受诅之徒,进入永恒的火焰之中”;⑤他以行迹在第三日死后复生。光有多么不同于明晰而真理有多么不同于正确,无限的原因有多么比有限的结果更有力,这一对灵魂不朽性的证明就有多么有效。

职是之故,如果有任何论证看似要证明灵魂有朽性的话,它们就是错的,并且不过是看似如此罢

---

① *Joannis Duns Scoti Commentaria Oxoniensia ad IV libros magistri Sententiarum*, Prologue, Question 2 (ed. P. Marianus Fernandez Garcia O. F. M, I, Quaracchi, 1912, 32 ff.).

② Cf. John 1: 9.

③ John 14: 6.

④ Matt. 25: 34.

⑤ Matt 25: 41.

了，因为第一道光和第一真理展示了其对立面。不过，如果有任何看似证明其不朽性的论证，那么它们就是正确的明晰的，但不是光和真理。因此，只有这一条路是最牢固的、不动摇的，并且是持久的；其余的都靠不住。

甚且，每一种技艺都应当以得当适宜于那种技艺的事物来进行；否则就会走上歧路，并且无法根据技艺的规则进行下去，就像亚里士多德的《后分析篇》①与《伦理学》第1卷②所说的那样。那种灵魂之不朽是一种信仰的产物，好比在《使徒信经》和《亚大纳西信经》(*Athanasii*)中所出现的那种；那么对其证明所凭靠的就应该是适宜于信仰的东西，而信仰所依赖的媒介是启示和正典经文。因此，它就只能靠它们来正确而适宜地被证明；而其他理由则是不相干的，依赖的介质是不能证明其所意指之事物的。那么，要是哲学家之间互不赞同他们自身关于灵魂不朽性的看法，这就毫不奇怪了，因为彼时他们所依靠的是与推论和谬误不相干的论点；而每一个基督的追随者则互相认同，因为他们的行进靠的是适宜而绝对可靠的东西，这一问题有且仅有一种解答方式。

---

① Cf. *Analytica priora*, i 30, 46 a 21ff.

② Cf. i 1, 1094 b 11—12.

进而论之，只有病人会关注健康。然而，没人能成为自己的医生，恰如《政治学》第3卷所言："没人能公正地判断他自己的状况，因为他处于一种为激情所支配的状态。"故而，要让他咨询其他人。好的医生应当熟稔他的技艺，并且具有良好的品格，因为有前者没有后者，或有后者没有前者，都不足以使他合格。又如柏拉图所说，正像体液（humoribus）[①]的紊乱是身体的疾病，无知则是灵魂的疾病。故而，不论知不知道灵魂有朽或不朽，一个人都应追求善好有致的生活。有两种类型的人宣称是知道这一点的：即不信者-异教徒和基督徒。现在，在不信者中，有很多极为博学之士，但他们几乎都过着有污点的人生。别的暂且不表，至少虚荣是其中之一，他们仅仅理解自然事物，而那所产生的是一种昏暗朦胧而不坚固的知识；而很多基督徒呢？除非是我弄错了，他们对自然哲学的所知并不亚于前者，比如保罗、狄奥尼修斯、巴西流（Basilius）、亚大纳西、奥利金（Origenes）、纳西昂的和尼撒的两位格列高利、奥古斯丁、哲罗姆、安波罗修（Ambrosius）、格列高利以及其他数也数不清的人物；除了具备对自然事物的知识之外，他们还具有

① 译注：英译为 humors，拉丁文 humor 即 umor，意语译为 umori。

一种关于神圣性的知识。这种东西如哲罗姆说的，“有学识的柏拉图并不知道，雄辩的德摩斯梯尼更是一无所知”，[①]而他们过着最无瑕的生活。但是，除了一个疯子之外，谁会宁愿相信这么无知的不信者，而不是天资优良的基督徒呢？奥古斯丁让我的信念更为坚定了，在我看来，他的学识不下于任何人（我不认为他次于柏拉图和亚里士多德），他先前是对教名心存敌意的，后来却过上了如此有德的生活，《上帝之城》（*De civitate Dei*）的结尾[②]写到，他因为信仰而见到了诸多奇迹，这表明了一种无限的、神圣不可侵犯的、坚如磐石的信仰。教皇格列高利在学识和圣洁方面也可以比得上任何人，他在《对话录》中举证了诸多如此伟大的事情，[③]那足以移除所有的疑虑。

因此，我们必须确凿无疑地断定灵魂是不朽的。但是，我们也必须不走那条这个时代的智者所走过的道路，他们称自己为有智之士，却变成了傻瓜。因为不论谁走这条路，我想，大概都不免会歧路彷徨吧。所以，我相信，即便是写了诸多如此伟大的作品

---

① *Epistle* 53 (ad Paulinum) chap. 4 (*Sancti Eusebii Hieronymi Epistolae*, Part I, ed. I. Hilberg, Vienna, 1910, p. 449).

② Cf. *De civitate Dei* xxii 29.

③ Cf. esp. ii 32ff. 和 iv 1ff. (*Gregorii Magni Dialogi*, ed. U. Moricca, Rome, 1924, pp. 124ff. 和 229ff.)。

来论述灵魂不朽的柏拉图，我想他也并没有把握住确定性。我从《申辩》的结尾揣摩出了这一点，[1]在那里似乎这一问题最后还是存疑了。同样，在《蒂迈欧》里，[2]当他要准备探讨这一论题的时候，他说，对他而言，如果是这么困难的论题的话，他用概然性来谈论也便足矣。所以，和他所说的所有东西相比较，他在我看来更像是在以意见而非以断言来谈论这一点的。一个人应该努力去做一个善好的公民，而非有学识的公民。实际上，在《大全》第 2 集第 2 卷问题 1 的第 3 节中，[3]正如同圣托马斯所言，即便意见是错误的行为，却依然可以是道德的。那些行走于信仰之路上的人依旧会坚定不移。这显然让他们对财富、荣誉、快乐以及一切凡尘俗世的事物，最后还有殉教的加冕都无所挂怀，虽然他们会热烈地为教殉身，并以此来获得最高的欢欣。

那么，以上就是在我看来关于这一论题所必须要谈的东西，我也会永远将自己对这一以及其他论题的谈论交托给罗马教会。此外无他。

我的论文到此结束。

曼图亚的约翰·尼古拉斯·彭波那齐之子彼得罗，1516 年 9 月 24 日。

---

① Cf. 40 c ff.

② 29 c—d.

③ Editio Leonina，VIII（1895），12.

博洛尼亚,列奥十世执行教皇职务的第四年。

赞美不可分的三位一体,

以上。

瓦拉《关于自由意志的对话》导言

小查尔斯·爱德华·特林考斯(Charles Edward Trinkaus, Jr.)

洛伦佐·瓦拉(Lorenzo Valla,1405—1457)通常被视为是最富有独创性和影响力的意大利人文主义者之一。或许正是由于瓦拉的独创性,我们也必须将他看作是人文主义者中独特而非典型的一员,这体现在其思想的多个面相之中。可以想到的是,有些学者会将"单一性"看作人文主义者的"典型"特性,但即便如此,在今天,我们可以清楚地看到,人文主义作家中的众多群体在态度和行为上各自拥有其特定而明显的模式,并构成了各个群体的特征。[①] 尽管瓦拉与众多人文主义者一样反感亚里士多德、辩证法和经院哲学,[②] 尽管他赞同古典语文学的总体志趣(当然,这构成了

---

① 例如,参见拙著 *Adversity's Noblemen*, New York, 1940。

② 在洛伦佐·瓦拉的 3 卷本《辩证法》(*Dialectice Laurentii Vallae libri tres*)中,也就是说,在《对于全部辩证法和全部哲学基础的重新整理》(*Reconcinnatio totius dialectice et fundamentorum universalis philosophiae*)中,瓦拉详细阐述了他的厌恶,"并反驳了亚里士多德、波爱修斯、波菲利等人的许多观点……"(Paris,1509)。

人文主义者对此学科最杰出的贡献之一），[①]并同样展现出了关于对话体和非正式的表现方式的趣味，[②]但他对于古代的哲学流派依然持有总体上的敌意（除了伊壁鸠鲁学说的某些方面）。因此，他既没有参与“15 世纪”（quattrocento）[③]前半段人文主义者中的斯多葛哲学复兴，也没有预见后期的新柏拉图主义。[④] 他对于古人的欣赏几乎只局限于他们对语言学和修辞学的贡献。

就积极的一面而言，瓦拉自身认同拉丁教父思想。[⑤] 就此似乎可以说，瓦拉更属于基督教人文主义者或者早期的宗教改革者，而不属于那些轻率对待异教哲学的名义上正统的天主教人文主义者。这是一个相当极端的结论，鉴于长期以来的趋势都认为瓦拉

---

① 他的 *De linguae latinae elegantia libri sex* 有众多版本。

② 当下这篇关于《自由意志》的作品是一个很好的例子，展现了瓦拉对于对话、论证的礼貌赘语和机智的穿插谈话的使用。实际的论证几乎占据不到篇幅的一半多。

③ 译注：指文艺复兴的 15 世纪，尤其指 15 世纪意大利的文学与艺术。

④ 在 *De voluptate ac vero bono libri tres*（Basel，1519）中，他谴责了斯多葛派和伊壁鸠鲁派；对亚里士多德派的谴责见上页注释②。他似乎对柏拉图学派没有兴趣，既不赞成，也不批评。

⑤ 参见他在 *Encomium Sancti Thomae Aquinatis* 中对希腊与拉丁教父的肯定，尤其是对后者的肯定。这是他的晚年作品，收录于 Johannes Vahlen，*Vierteljahrschrift fur Kultur und Litteraturgeschichte der Renaissance*. I（1886），387—96。

是一个反基督教的,尤其是感觉论的伊壁鸠鲁主义的杰出支持者,而瓦拉也因此招致了教皇权力的反感,之后,他又逢迎讨好教皇。然而,更具逻辑性的观点是说,瓦拉的虔敬主义以及他的反理性、反哲学的倾向在基督教中找到了一个不太稳妥的目标,它们无论在教义上,还是实践中,都与那些支持不同古典哲学流派的人文主义者有着更多的共同点。

在今天,众所周知的是,意大利人文主义者与他们的经院哲学对手们在文体偏好、表现方式以及古典精神导师上的差异大于他们在根本学说上的分歧。中世纪天主教思想长久以来都与古希腊逻辑学与心理学和睦相处,那种认为中世纪思想家与异教经典(当然,它们被基督教式地阐释了)之间存在任何敌意的观点是现代人想象的产物。[①] 在一定程度上,人文主义就是祛除了复杂性和隐晦性的经院哲

① 可以说,这些论断从它们的对立面得到了强化:现代天主教学者展现出了中世纪神学家和哲学家所具备的总体上开明、理性和人文主义的特质(例如,Father Gerald G. Walsh,*Medieval Humanism*,New York,1942);新教作家也一直都试图重新强调宗教改革的正统,因此,他们一方面力图展现教父思想与宗教改革思想之间的差异,另一方面也试图呈现教父思想与异教经典思想、中世纪天主教思想和意大利文艺复兴思想之间的差异,同时又强调它们之间的密切联系(例如,Anders Nygren,*Agape and Eros*,New York,1932,1939;以及 Reinhold Niebuhr,*The Nature and Destiny of Man*,New York,1941,1943)。

学;因此,人文主义者的主要志趣是对文法“野蛮粗鄙”(barbarisms)的简化和净化。类似地,经院哲学家们——尤其是托马斯·阿奎那——在调和亚里士多德古典哲学与天主教教义时的精密审慎也产生了实际影响:人文主义者大多都简单而理所当然地认为天主教教义与古典作品之间没有冲突;认为后者的形式是异教的,但在内容上是基督教的;还认为古希腊神话和万神殿可以被合法地采用,以作为表达有关基督教圣者和圣徒思想的手段。此外,在人的能力和潜力这一关键德性问题上,人文主义者们持有的“人是微观宇宙”的诸种概念和伦理自由的诸种理论与正统观点——将人放在存在的等级中,认为人有持续复生的能力——拥有同样的形而上根基。经院哲学对于自由意志的强调及其“理性主义-道德”的心理学路径也与人文主义思想中的斯多葛学派和新柏拉图主义学派相类似。

另一方面,瓦拉毅然与全盛时期的经院哲学和人文主义思想的这些努力决裂,以创造一种异教与基督教的综合体。且不说他自己的宗教忠诚到底在哪里(说他忠于基督教似乎是毫无疑问的),瓦拉事实上一直都在彻底地强调着理性与信仰、哲学与神学、异教与基督教之间的不可调和性。着重指出这一点是很有必要的,尽管这常像是瓦拉在形式上反复重申的一个立场,而不是他在实践中一贯履行的东西。瓦拉自己所写的辩证法领域的论文[1]——遗憾的是它很无力——试图改进亚里士多德的理论和经院哲学。他也有对古典语文学的研究,[2]这都显示出,瓦拉无疑并不相信自己可以完全不受各方面异教思想的沾染。但即便如此,我们或可为之辩说,这些都可看作是严格意义上世俗的而非宗教的活动。此外,在他的道德哲学散文中(其中当前这篇《关于自由意志的对话》[*Dialogue on Free Will*]也不例外),他有力地反对了哲学,这必须被视为是其论证的最重要影响。不过,瓦拉并非不屑于使用古典神话中的人物形象来表现基督教的人物与神灵中的成员;他也不是一个彻头彻尾的修辞学家,以至于放弃逻辑论证(尽管他的逻辑论证有时是肤浅的)。[3]

的确,在这些作品中,瓦拉与理性主义的中世纪和文艺复兴时期的天主教决裂,他所持的依据与之

---

① *Dialectice* 等作品。

② *De linguae latinae elegantia*.

③ Ernst Maier 在其 *Die Willensfreiheit bei Laurentius Valla* (Bonn,1911)一书中说明(第22—35页),相比波爱修斯和经院哲学家(他们在自由意志的问题上拥护波爱修斯,参见第18—25页)的精妙和敏锐,瓦拉的推论有着自相矛盾和肤浅的特点。然而,这样的批评与瓦拉的论证并不相符,因为他的主要观点认为自由意志神秘而矛盾地与神的命定相一致,所以无法为人类理性所理解——尽管人类理性是敏锐和精妙的。

后的改革者是一样的。[1] 在《快乐与真正的善》(*Pleasure and True Good*)[2]一文中,瓦拉认为作为基督教目标的各种善德并不是全都有效的;在《信教者的誓言》(*The Profession of the Religious*)[3]中,他认为被制度化了的修道士德性并不具有更高的效力,并坚称自发的善行更高尚。在《君士坦丁赠礼》(*The Donation of Constantine*)[4]中,瓦拉质疑了教皇"短暂地享有主权"这一声明的历史有效性。在当前这篇关于《自由意志》的作品中,他抨击了亚里士

---

① 一般认为,中世纪思想家和人文主义者倾向于将神的属性赋予人,并将人的属性赋予神。宗教改革者以及类似他们的瓦拉倾向于强调神与人的不同,并放弃例如阿奎那、皮科·德拉·米兰多拉(Pico della Mirandola)、马尔西里奥·费奇诺(Marsilio Ficino)等人思想中的明显的等级思维模式。将阿奎那的下述言辞与瓦拉的观点作比较,我们可以看到他们之间的不同:"每种生物的最终目的就是获得与上帝的类同……因此,如果任何事物被剥夺了那个使他获得与上帝的类同的凭借,它就会与神圣天意不一致。但是,依照自己意愿的人(voluntary agent)之所以获得与上帝的类同,是因为他自由地行动:我们已经证明了上帝拥有自由意志。因此,天意不会剥夺意志的自由"(*Summa contra Gentiles* iii. lxxiii)。

② 尤其是 Book iii。

③ *De professione religiosorum*, ed. J. Vahlen (*Laurentii Vallae opuscula tria*, in "Sitzungsberichte der Kaiserlichen Akademie der Wissenschaften, Philos. und Hist. Kl.", Nos. 61 and 62, Wien, 1869).

④ *De falso credita et ementita Constantini donatione declamatio*(Leipzig,1928);英译本由 Christopher B. Coleman 翻译(New Haven,1922)。

多德学派和经院哲学对自由意志与神圣天意的调和,并断言说,上帝在或刚硬或怜悯地对待人类的同时,又允许人类拥有自由意志,这是一种悖论,任何试图去理解这种悖论的尝试都是非理性的。

如果由于这些原因,我们就认为瓦拉将自己看作一个异教徒,[①]甚至看作是改革者,那就错了。事实上,瓦拉比正统人士更深感自己的正统性,故而似乎从他自己的观点中得到了一些慰藉。他对于自己的观点也十分执著和坚定。他的敌人肆无忌惮地以异端的罪名谴责他,这造成的困难已经多到足以让他明白自身所面临的危险;他在教皇法庭(Curia)中充分地洗脱了自己的罪名,并在那里获取了一个职位。在此之后,他自愿在罗马的多明我会(the Dominican Order)[②]会众面前布道,据说宣讲的是《赞颂圣托马斯·阿奎那》(*In Praise of St. Thomas Aquinas*)。[③] 然而,尽管布道的标题是"赞美",瓦拉却重申了他对圣徒使用辩证法的反感

---

① 参见其 *Apologia adversus calumniatores quando super fide sua requistus fuerat* (Basel,1518)。波焦(Poggio)指责说,公开承认自己是异教徒的瓦拉曾被人谴责,也曾被那不勒斯(Naples)的审判官监禁。他的指责似乎是一种诽谤,由他对瓦拉的个人敌意所引起(参见 Girolamo Mancini,*Vita di Lorenzo Valla*,Florence,1891,pp. 186—88)。鉴于瓦拉批评且不赞同在神学中使用理性主义和哲学,他有些困扰于自身的正统性问题也就不奇怪了。

② 译注:多明我会,天主教托钵修会的主要派别之一。

③ *Encomium Sancti Thomae Aquinatis*.

以及他对于保罗和早期教父的格外偏爱，尤其是奥古斯丁(Augustine)、安波罗修(Ambrose)[①]、格列高利(Gregory)[②]和哲罗姆(Jerome)[③]。[④] “于我而言，这是一个棘手而危险的地方，”他在布道中说，“不仅仅是由于圣徒为我们所赞美，也由于许多人都惯常认为，如若没有辩证法、形而上学和其他哲学家的规诫，就无人可以奉行神学。我要对此做什么呢？改变、扭转和隐藏我所相信的东西吗？但那样我的言语就会与我的心不一致了。”[⑤]

在瓦拉生活的时代以及随后的两个世纪内，他对于这些问题的观点是众所周知的；即便如此，人们一直趋于试图将他看作另一个文艺复兴时期人类新掌握的理性自由的倡导者。莱因霍尔德·尼布尔(Reinhold Niebuhr)在论及彭波那齐[⑥]的《论命运、自由意志与命定说》(*On Fate, Free Will and Predestination*)[⑦]与

---

① 译注：圣·安波罗修(St. Ambrose，340—397年)，罗马人，早期基督教拉丁教父，米兰大主教。

② 译注：格列高利(Gregory)，罗马教宗称号。

③ 译注：圣·杰罗姆(St. Jerome，347—420年)，早期基督教拉丁教父，伟大的教会学者，尤其以对《圣经》的拉丁文翻译和评注而知名。

④ 同上，第394—395页。

⑤ 同上，第393页。

⑥ 译注：彼得罗·彭波那齐(Pietro Pomponazzi)，文艺复兴时期意大利人文主义者、哲学家，著作有《论灵魂不朽》等等。

⑦ Pietro Pomponazzi, *De fato*, *libero arbitrio*, *praedestinatione*, *et providential Dei*, *libri v* (1525)(Basel, 1567).

瓦拉的《自由意志》(*Free Will*)(他无意间互换了它们的年代)时评论道:“文艺复兴时期的‘个体性’概念植根于对人的伟大与独特性的信念,它天然地暗示了人的自由。因此,文艺复兴思想家的首要关注点之一就是,证明神的预知并不会限制人类行动的自由,也不会否定人在历史中所扮演的创造者角色。”①

不过,恩斯特·卡西尔(Ernst Cassirer)所说的就不那么合理了,他认为瓦拉关于自由意志的著述之所以远超中世纪论文的水平,是因为“从古人的时代至今,关于自由的问题第一次在一个纯粹世俗的讨论场所面前,在‘自然理性’的裁判席面前被提出……但从他的作品中,人们仍会首先发现一种新的批判性的现代精神,它开始意识到自身的强大力量与智性手段”。②

这些推断与瓦拉的实际观点究竟有几分一致?这个问题可能会被留给当前这篇瓦拉译作的读者们。从以下引述可以清楚地看出,这些推断与早期现代的观点是相冲突的。例如,伊拉斯谟(Erasmus)③在《论

① 参见 Niebuhr 先前索引,I,64 及 n. 6。

② *Individuum und Kosmos in der Philosophie der Renaissance*, “Studien der bibliothek Warburg ”, Vol. X, Leipzig and Berlin, 1927, p. 82.

③ 译注:伊拉斯谟(Erasmus,1466—1536 年),文艺复兴时期的人文主义思想家和神学家,天主教神父,以纯正拉丁语写作的古典学者。

自由意志》(*Diatribe on Free Will*)[①]中首次攻击路德时断言道:“从使徒时代到今天,除了摩尼(Manichaeus)和约翰·威克利夫(John Wyclif)这两个仅有的例外,没有哪个作家完全否定自由意志的力量。洛伦佐·瓦拉似乎差不多赞同这两人的观点,但他在具有影响力的神学家中没有多少权威性。”[②]伊拉斯谟之后评论了瓦拉对于预知和神灵意志的区分。[③]

通过对《被奴役的意志》(*The Enslaved Will*)[④]的回应,路德声称瓦拉是其观点的彻底拥护者,在《席间漫谈》(*The Table Talks*)[⑤]一书中,他三次高度赞扬瓦拉,如下所述:“洛伦佐·瓦拉是我曾见到或发现的最好的意大利人。他巧妙地对自由意志提出了质疑。他在虔敬和文学方面同时追寻着简朴。

---

① *De libero arbitrio diatriba sive collatio*, in *Opera omnia* (Leyden, 1706), Vol. IX, cols. 1215—48.

② 同上,col. 1218。另参其 *Hyperaspistes diatribae adversus servum arbitrium Martini Lutheri*, in *Opera omnia*, Vol. IX, cols. 1314—15。

③ *De libero arbitrio diatriba sive collatio*,同上,col. 1231。

④ *De servo arbitrio*, ed. A. Freitag(*Werke*, WA, Band XVIII, 1908), pp. 600—787。路德说道(p. 640):“对我来说,一个威克里夫,另一个洛伦佐·瓦拉,还有奥古斯丁,这三人都被你(伊拉斯谟)忽视了(praeteris),他们是我全部的权威。”

⑤ *Tischreden*, Band I(WA, 1912), No. 259;另参 Band II(1913), No. 1470,以及 Band III(1919), No. 5729。

伊拉斯谟在文学上对瓦拉的追寻就如同他在虔敬上对瓦拉的谴责一样多。”

加尔文(Calvin)也引述了瓦拉对预知和意志的区分。“瓦拉或非谙于神学,但在我看来,他显露出了超凡的敏锐与明智——他表明这个论争没有必要,因为生存与死亡都是出于上帝意志的行动,而不是出于上帝的预知。”①

一个半世纪之后,莱布尼茨也的确像卡西尔所说②的那样,将瓦拉称作“一个不亚于其人文主义者身份的哲学家”。③ 不过,他也指出,尽管瓦拉成功地“将自由与预知调和一致,但他不敢去期望将自由与天意进行调和”。④ 莱布尼茨认为,有必要延展瓦拉的论点,以期到达一个不同的立场。⑤

在现代的瓦拉评论者之中,或许卢西亚诺·巴

① *Institutes of the Christian Religion*(6th ed.; Philadelphia, 1932), Book iii, chap. 23, sec. 6.

② 参见先前索引,第 84 页。

③ *Essais de theodicée sur la bonté de Dieu, la liberté de l'homme, et l'origine du mal*(Amsterdam, 1710);引用了 *Opera philosophica…. omnia*, ed. J. E. Erdmann(Berlin, 1839—1840), pars altera, pp. 468—629: *Essais sur la bonté de Dieu*, Vol. III, § 405。

④ 同上, § 365。

⑤ 同上, § § 413—17。莱布尼茨采取的理性自由的立场实际上是卡西尔从瓦拉作品中得出的看法,而不是瓦拉本人的看法。

罗奇(Luciano Barozzi)[1]对这部作品的评价最接近公正。他正确地看到,与理性主义相比,瓦拉的态度更接近于现代实证主义和统计学的证明方法;而且,就像实证主义哲学家一样,瓦拉关心人类自由的问题,[2]并通过心理学上的决定论解决了这个问题。[3]正如瓦拉在他的哲学、批评和评释作品中预见了伊拉斯谟、乌尔里希·冯·胡腾(Ulrich von Hutten)[4]和路德,"在这关于自由意志的信条中,他的许多观点也与路德和加尔文对这个问题的表述相关联"。[5]

---

① *Lorenzo Valla*, printed with Remigio Sabbadini, in Studi sul Panormita e sul Valla ("R. Istituto di studi superiori... in Firenze, Sezione di filosofia e filologia, Pubblicazioni", No. 25, Florence, 1891), esp. chap. vii: "La Dottrina del Libero Arbitrio di Lorenzo Valla e i moderni positivisti."

② 同上,第220页。

③ 同上,第219页。引用了瓦拉所说的凶猛的狼等段落,见下文,第173页。

④ 译注:乌尔里希·冯·胡腾(Ulrich von Hutten,1488—1523年),德国人文主义者、诗人,路德宗教改革运动的支持者,曾直言不讳地抨击罗马天主教会。

⑤ 同上,第220页。

关于自由意志的对话[①]

加西亚(Garsia)[②]啊！最博学和杰出的主教啊！

---

① 以下翻译借自 *Laurentii Vallae De libero arbitrio edidit Maria Anfossi*(“Opusculi filosofici: testi e documenti inediti o rari pubblicati da Giovanni Gentile”, Vol. VI, Firenze, 1934),第 11 卷,佛罗伦萨:1934。Anfossi 编纂的版本看起来清晰、可靠,它基于巴伐利亚州立图书馆的慕尼黑抄本(Codices Monacensis)中的第 3561、3578 和 17523 号拉丁语抄本(Codices latini monacensis,缩写为 Clm),以及出版于鲁汶(Louvain)的 1483 年版和出版于巴塞尔(Basel)的 1543 年版。两个文本体系(Clm 3561,3578 和鲁汶版;Clm 17523 和巴塞尔版)的差异主要在于拼写、词序和语法形式;语义的差别很少。瓦拉的风格是相对比较直接的,而且作为一个人文主义者,他的风格并不复杂。他的语义仅极少处是晦涩的,其翻译的目标是保证对拉丁语进行简洁、清楚、非正式的翻译达成这种目标的部分与瓦拉的精神是一致的——他致力于在一个非正式的层面上处理严肃的问题。

② 加西亚·阿斯纳莱斯·阿尼翁(Garzia Asnarez de Añon)是 1435 至 1449 年间的莱里达市主教(Girolamo Mancini, *Vita di Lorenzo Valla*, Florence, 1891, p. 111,以及 Gams: *Series episcoporum*, p. 44)。由于瓦拉于 1435 至 1443 年间在吉埃塔市(Gaeta)做阿方索王室(Alfonso)秘书,并与加西亚通过阿拉贡王朝版图的连接(Aragonese connection)而联系,所以这篇对话似乎是在后面这个时间段撰写的。

我希望其他基督教徒，还有那些被称作神学家的人，不要太依赖哲学或为哲学花费太多精力，他们几乎把哲学变成了神学的匹敌者和姐妹（我不是说庇护者）。因为我觉得，如果他们认为我们的宗教需要哲学的保护，那他们对我们的宗教的评价好像不高。使徒的追随者们——使徒们无疑是上帝神殿中的支柱，他们的作品历经数个世纪而依旧留存——是用这种哲学的保护用得最少的。事实上，按我们的理解，那个时代的异端数量很多，但也并非无足轻重，如果仔细来看，他们几乎全都来自于哲学的源头，所以哲学对于我们最神圣的宗教非但没有多少助益，甚至还对它造成了剧烈的损伤。[1] 哲学实际上是滋生异端的温床，但我所说的那些人却认为（哲学）是清除异端的工具。他们没有意识到，在最虔敬的古典时代，人们在对抗异端时缺乏哲学的助力，也经常艰难地与哲学本身作战——哲学如塔克文（Tarquin）[2]一样，被驱逐，进而被流放，永不允许回乡——因此，古典时代被指控为无知。难道那些人无知而没有武器吗？他们怎样使世界中

---

① 这里指早期教父对古典的反对，导言中也提到了这一点。

② 译注：高傲者卢修斯·塔克文（Lucius Tarquinius Superbus），死于公元前 495 年，生年不详，亦称"倨傲之王塔克文"（Tarquin the Proud）。塔克文是罗马王政时代的第七任和最后一任君主，在历史上被描述为一个暴君、独裁者，其统治于公元前 509 年被推翻，塔克文及其子被罗马人流放。

如此多的部分臣服在他们的威权之下？你们这些人用这样的武器增强自己，是不能守护他们留给你们的遗产的，啊，这可悲的无用的东西！

所以，你们为什么不沿着祖先的足迹行走呢？他们的权威和范例——如果不是他们的理性的话——无疑应该说服你们相信应去追随他们，而不是步入某些新的路途。有些医师在病人身上测试新的实验性药品，而不是用那些久经时间考验的药，我认为他们是很卑劣可鄙的。又如，一个水手不选择其他船只和货物曾安全航行过的路线，而偏爱采取一个无人涉足的航线。你也同样傲慢到了这个地步，以至于相信如果一个人没有了解、没有最勤奋彻底地学习过哲学准则，他就不能成为一个神学家；而且你也认为在过去的时代中，那些不了解或不期望了解哲学的人是愚蠢的。时间啊！风俗啊！在之前的罗马帝国里，无论是公民，还是外来者，都不允许说外国话，只能使用那个城市的方言。你们这些人可以被称作基督教国家的议员，但与基督教会的言语相比，你们却更愿意听到和使用异教的语言。

鉴于对其他人的批评将留待以后在别处进行，我们在当前的这部作品中希望表明，波爱修斯（Boethius）[①]（仅仅是由于他非常热爱哲学）在其《哲学

① 译注：波爱修斯（Boethius，480—524年），罗马帝（转下页注）

的慰藉》(*Consolation of Philosophy*)[①]第5卷中对于自由意志的论证是错误的。对于之前的4卷书，我们在所写的关于《真正的善》(*True Good*)[②]的作品中已经回应过了。现在，我将尽可能地努力去讨论和解决这个问题，并加入一些我自己的东西，[③]这样一来，在众多其他作者已经长篇累牍地讨论过这个问题后，我的努力也不会显得好像没有意义。尽管在这样做的时候，我自己也感到焦虑，但我最近与安东尼奥·格拉莱(Antonio Glarea)[④]的一场争论进一步激励了我，他是一个博学机敏之人，我们的关系长久以来都很亲切，这不仅由于他的习性，也因为他是圣·洛伦佐(San Lorenzo)的同乡。我已将我

(接上页注)国晚期著名的政治家、哲学家和神学家，其代表作《哲学的慰藉》采用柏拉图式的对话体，主张存在一个超越万物的神圣天意。波爱修斯被认为是最后一位古罗马哲学家和经院哲学第一人，他的哲学构成了古希腊罗马哲学到中世纪经院哲学的过渡，在西方哲学史上具有重要意义。

① Anicii Manlii Severini Boethii, *Philosophiae consolationis libri v*, with the English translation of "I. T." (1609) revised by H. F. Stewart, Loeb Classical Library, New York, 1926.《慰藉》第5卷的第一部分也提出了偶然性与天意的关系问题。

② *De voluptate ac vero bono libri tres* (Basel,1519).

③ "一些我自己的东西"明显是指瓦拉对于神之预知的运作与下文中神之意志的区分。

④ Mancini(参见先前索引，第111页)认为，格拉莱是阿拉贡王国的韦斯卡市(Huesca)的土著居民，韦斯卡市是圣洛伦佐据称的几个出生地之一。

们争论的话语记述在了这本小书中，我讲述它们的方式就像这件事依然在进行而不是在被叙述一样，这样就不需要在文中非常频繁地插入“我说”和“他说”了。我不明白为什么马库斯·图利乌斯（Marcus Tullius）这样一个拥有流芳百世的天才的人声称他在《拉伊俄斯》（*Laelius*）一书中这样做了，[①]因为一个作者不去叙述自己所说的话，而是叙述别人说的话，那在这种情况下，请问，他怎么插入“我说”呢？西塞罗的《拉伊俄斯》就是这种情况，它包含了拉伊俄斯和他两个女婿——盖乌斯·范尼乌斯（Gaius Fannius）和昆图斯·斯凯沃拉（Quintus Scaevola）——的争辩。争辩是由斯凯沃拉本人讲述的，西塞罗和他一些朋友旁听；西塞罗由于自身年轻而几乎不敢与斯凯沃拉争论和辩驳，而斯凯沃拉由于年长或尊贵的身份激起了一种崇敬感。

不过，让我们回到我们的话题吧，那么说到，安东尼奥在中午拜访了我，发现我无所事事，与一些佣人坐在大厅里。他对这个话题作了一番引言，然后继续说道——

安：于我而言，自由意志的问题似乎是十分困

---

① 如瓦拉所描述的，西塞罗的《拉伊俄斯》（Laelius）或《论友谊》（De amicitia）开篇叙述了背景和人物；接着评论了一下对话体的令人印象深刻的效果。参见 W. Melmoth 的翻译，Everyman's edition，pp. 167—69。

难和极度艰巨的；在当下的生活和未来之中，人类的一切行动、是非和奖惩都依赖于它。我们很难说还有什么问题比它更需要理解，还有什么问题比它更缺乏理解。我反复探究这个问题，或自己独立研究，或与其他人一起研究，可直到现在，我还是没能想出任何办法把它弄明白，以至于我内心有时为此感到烦恼和迷惑。但我将永远不惮于思忖这一问题，也不会放弃对认识它的希望，尽管我知道许多抱有同样期望的人都失望了。所以我也想听到你对于这个问题的意见，因为通过详尽的研究和考查，我可能会获得我所求的；还因为我已了解你的判断有多么敏锐和准确。

洛：正如你所说，这个问题非常难解，而且我不太清楚是否已经有人理解了它。但即使你永远不理解它，也没有理由感到烦恼或迷惑。对于没人可以达到的东西，如果你没有达到对它预期的要求，那有什么正当的理由去抱怨呢？即使别人有很多我们所没有的东西，我们也应该欣然而平静地对待它。有人可能天生高贵，有人天生身居高位，有人天生拥有财富，有人天生具有天才，有人天生具有雄辩才能，有人天生具有以上提到的很多天赋，也有人天生拥有这一切。但即使这样，没有哪个意识到自身努力的冷静明智之人会因为自己不具备这些东西而想去哀悼。而且，如果他没有鸟类的翅膀——没有人拥有翅膀——那他的哀悼又应该减轻多少呢？如果我们为一切我们不知晓的事物而感到忧伤，那我们就会把自己的生活变得艰难困苦。你愿意让我为你列举有多少我们不了解的事物吗？不仅仅有像我们正在谈论的这种神圣和超自然的事物，还有那些可以进入我们知识之中的人类事物。简而言之，还有更多我们不知道的事物。正因如此，学园派——尽管这是错误的——仍然说没有事物被我们彻底认知。①

安：当然，我承认你所说的没错，但不知怎么的，我就是这样不耐烦而且贪婪，甚至于无法控制心灵的冲动。我听你说到鸟类的翅膀，我应该不会因为没有翅膀而遗憾；但如果我可能通过代达罗斯(Daedalus)②的例子而获得翅膀，那么我为什么要放弃它呢？甚至我会渴望有怎样更好的翅膀呢？有了

---

① 这番谦逊的劝告，以及在下一段中安东尼奥表达的对知识的翅膀的渴望和对追寻未知所带来的激励作用的赞扬，象征了新与旧的态度。然而，与皮科(Pico)在 *Dignity of Man* 中的观点不同的是，瓦拉似乎坚决地站在传统的一方，无论是在他自己的陈述中，还是当安东尼奥对他的问题作出任何可能的回答时，他对安东尼奥的不信任之中，都是如此。

② 译注：在古希腊神话中，代达罗斯(Daedalus)是一位技艺精巧的手工匠人。他因嫉妒而杀害了自己的侄子，随后逃至克里特岛(Crete)。在岛上，代达罗斯以蜡和羽毛做成两对翅膀，与其子伊卡洛斯(Icarus)飞出克里特岛逃走。途中，伊卡洛斯没有听从父亲的劝告，结果飞得过高，双翼被太阳融化，坠海而死。

翅膀，我不会从监狱的围墙里飞出，而会从错误的牢笼里飞出；我飞远后不会到达孕育了代达罗斯这样的肉体的祖国，而会到达灵魂出生的母国。让我们不要理会学园派的观点，尽管他们怀疑一切，但他们肯定不会怀疑自己的“怀疑”；而且，尽管他们主张没有事物是已知的，却并没有失去研究的热情。此外，我们知道后来的思想家对于我们之前的发现进行了许多补充，他们的箴言和范例也应当激励我们去发现其他的事物。为此，我请你不要期望从我身上带走这种烦恼和负担，因为移除了负担后，你将同时消除探究的热情，除非有这样一种可能：你将如我所愿，满足我贪婪的欲望。

洛：我可以满足其他人所满足不了的吗？那对于书籍，我应该说什么呢？要么你赞同它们，那么就不需要其他什么了；要么你不赞同它们，那我也无法给你更好的东西。但是，如果你对所有书籍宣战——包括那些最富智慧的书籍——而且不去支持它们中的任何一个，那你会明白，这对你来说多么不虔敬和无法容忍。

安：我当然明白，如果不赞同那些已经经过习俗考验的书籍，就好像是一种不可容忍的事或几乎是一种亵渎；但你也注意到，在许多事物中，它们惯常会各不相同、支持分歧的观点，而且没有几个人的权威性高到让人们无法质疑他们的说法。的确，在其他问题上，我并不是完全排斥书籍的作者们，我想想这个，想想那个，再说话时就有了更大的把握。但在我将要和你讨论的这个问题上，请你和大家见谅，我绝对不同意任何人的意见。因为所有人都承认波爱修斯对此问题解释得最好，但他自己都没能完成他要做到的事，在某些时候还从想象和虚构中寻求庇护，那我能对其他人说什么呢？波爱修斯说，上帝凭借超越理性的智性而知晓所有永恒的事物并掌控所有现在的事物。[①] 但作为一个理性的、对于时间之外的事物一无所知的人，我能渴望追求关于智性和永恒的知识吗？即使波爱修斯说的是真的——对此，我并不相信——我怀疑波爱修斯自己也不理解它们。他自己和其他任何人都不理解他自己所说的

① 参见波爱修斯先前索引。"因此，既然每一个判断都包含那些受它支配的事物；根据它自身的本质，而且上帝一直都有一个永恒的和现在的状态，祂的知识也超越一切时间的概念，仍在祂的存在的纯一性之中，而且包含了过去和未来的一切空间，在祂的纯一的知识之中思虑一切事物，就好像他们现在正在发生一样。所以，如果你要衡量祂用以辨识一切事物的预知，你会更理所当然地尊敬它——它是关于一个永不消失的时刻的预知，而不是关于未来某事的预知"（第 403、405 页）。"上帝看到了那些由现在的自由意志导致的未来事物。因此，这些事物与神的视线相联系，由于神之知识的状态，他们是必然的，而且就自身思考而言，他们并没有完全失去自己本质上的自由。因此，毫无疑问的是，所有这些事物都要经过上帝预知将要到来的那一步，但是其中的一些事物源于自由意志……"（第 407 页）。另参第 396 、397 页，II. 46—56。

话，那就不该认为他所说的是真实的。所以，虽然他正确地开启了这个争论，但并没有正确地结束它。如果你认同我的这一看法，我会为我自己的意见而深感欣喜；如果你不同意，鉴于你的人文素养（英译者注：例如，雄辩能力以及语言素养），你也不会拒绝将他所说的隐晦费解的话表达得更清楚；不论是哪种情况，你都会展示你的意见吧？

洛：瞧瞧，你这要求多公正啊——命令我以谴责或修正的方式，侮辱波爱修斯！

安：但是，对于其他人有一个正确的看法，或者将他所说的隐晦费解的话阐释得更清楚，你会把这个叫作侮辱吗？

洛：唔，对伟大的人做这种事令人不快。

安：如果不给误入歧途和问路的人指出道路，无疑更令人不快。

洛：如果我不知道道路呢？

安：说"我不知道道路"就是不愿指路，因此，请不要拒绝展现你的观点。

洛：如果我说我赞同你对于波爱修斯的看法，我不理解他，对于这个问题，我也没有其他可以解释的呢？

安：如果你真心这么说，我不会愚蠢到去要求你给出超出你能力的东西；但请谨慎一点，以免你糟糕地履行了友谊的职责，让我眼中的你显得吝啬而不诚实。

洛：你让我给你解释什么呢？

安：上帝的预知是否妨碍了自由意志，波爱修斯是否正确地论证了他的问题。

洛：等会儿我再处理波爱修斯的问题，但是如果我在这件事上使你满意了，我希望你做一个承诺。

安：什么样的承诺？

洛：如果我在这场午宴中把你招待好了，你就不会想再接受晚餐的招待。

安：你所说的为我准备的午宴是什么，晚餐是什么？我不明白。

洛：当讨论完这个问题后，你心满意足了，就不会再问另一个问题。

安：你说另一个问题？说得好像这个问题本身还不够深奥繁杂一样！我自愿向你保证，我不会再要求你的晚餐。

洛：那么，请继续说吧，进入问题的正中心。

安：你这建议很好。如果上帝预见未来，未来就只会按照祂[1]预见到的情形发生。例如，如果祂看到犹大会成为一个背叛者，那犹大不可能不成为背叛者，除非——这应离我们很遥远——我们认为

---

① 译注：英译本中以首字母大写的"He"或"His"来特指上帝，本文将其译为"祂"，下同。

上帝缺乏天意。既然祂拥有天意,人就必须无可置疑地相信,人类在其自身的力量中并不拥有自由意志;我不是特指邪恶的人,因为,正如作恶对他们来说是必然的一样,相反地,做好事对好人来说也是必然的。[①] 前提是,这些缺乏意志的人仍被称作好人或坏人,这些必然发生和被迫进行的行动仍被认为是对或错。现在,你自己看看接下来会怎么样:上帝或因为一个人正义而赞扬他,或因为另一个人不正义而谴责他,并且褒奖一个人,惩罚另一个人。坦率地说,这似乎与正义相反,因为人的行动通过必然性而遵循上帝的预知。[②] 因此,我们应该放弃宗教、虔诚、神圣、仪式、祭祀;我们可能对上帝没有任何期待,不进行任何祷告,丝毫不请求祂的怜悯,也疏于对我们自身心灵的改进;既然我们的正义与非正义都为上帝所预知,那么我们最后就只做使自己高兴的事了。结果好像是这样的:如果我们生来就有自由意志,那么上帝不能预见未来;如果我们缺乏自由

① 安东尼奥在此提出了阻碍预知的道德(心理)决定论,它可以与洛伦佐所说的阿波罗的话语相对比:阿波罗告诉塞克图斯(Sextus)说,他邪恶的本质由朱庇特创造,将会使他犯罪。

② 参见波爱修斯先前索引,第379页:"对善行与恶行提出奖赏和惩罚是徒劳无功的,他们的心灵不值得自由和自愿的运动。并且,最不公正的就是那些现在被评判为公正的[人和事物],就是应惩罚恶人、奖赏好人,因为并不是他们自己的意志引导他们或善或恶,而是他们受到了将要发生的事物的某种必然性的驱动"等等。

意志，上帝就是不正义的。这就是我倾向于质疑这个问题的原因。

洛：你不仅已经推进到了问题的中心，还将其拓展得更为宽广了。你说上帝预见到犹大会成为背叛者，但祂因此诱使犹大背叛了吗？我不这么认为，因为即使上帝会知道一些人类在未来的行动，但这个行动不是通过必然性完成的，因为人可能是自愿去做的。而且，自愿的事不可能是必然的。

安：不要指望我就这样简单地向你投降，也别指望不付出汗与血就逃脱。

洛：祝你好运；让我们在一场短兵相接的战斗中近身相搏。让我们用剑而不是用矛来决断。

安：你说犹大的行动是自愿的，所以他不是通过必然性行动的。确实，如果否认他是自愿地这么做，那就无耻之极了。我对此说什么呢？这个意志行动无疑是必然的，因为上帝预知了它；而且，由于这个行动被祂预知，犹大就必然会想做并去做这件事，以免他会以任何方式使这个预知变成错误的。

洛：我还是不明白，为什么我们的意志与行动应该源于上帝的预知？因为，如果预知某事"将是"会使它发生，那知道某事"是"当然也会同样容易地使同样的事物"是这样"。当然，如果我了解你的天才，你不会说因为你"知道"它是，所以某事才"是"。例如，你知道现在是白天；难道是因为你知道现在是白天,所以现在才是白天吗?或者相反地说,因为现在是白天,你才知道现在是白天?[①]

安:确实是这样,请继续说。

洛:同样的推理也适用于过去。我知道8个小时前是夜晚,但并不是因为我知道它,它才是夜晚;相反,我知道那是夜晚是因为那时就是夜晚。再说——我可能离论点更近了——我提前知道8小时之后将会是夜晚,难道是因为这个,8小时之后才是夜晚?根本不是这样的,而是因为夜晚将至,所以我才预知了它;那么,如果人的预知不是某事发生的原因,那么上帝的预知也同样不是。

安:相信我,这种比较欺骗了我们;知道现在与过去是一回事,知道未来是另一回事。因为,当我知道某事是这样时,它就不能被改变;就像白天一样,现在是白天,就不可能被变得不是白天。同样地,过去也不会与现在有区别,因为我们不会注意过去的白天,但会注意正在发生的白天;我知道过去的某时是夜晚,并不是在过去的夜晚逝去后才知道的,而是当那夜晚发生之时才知道的。因此,在这些时刻,我承认某事过去是这样或者现在是这样,并不是因为我知道它,而是因为它现在或者过去是这样的,我才知道了它。不过,另有一套推理适用于未来,因为未

① 参见同上,第387、405页,那里使用了一个平行论证。

来可能会变化。因为它是不确定的，所以就不能被确凿地认知。而且，为了使我们不会骗取上帝的预知，我们就必须承认未来是确定的，由此也是必然的；就是这剥夺了我们的自由意志。你也不能说那些你刚刚说过的话，比如，并不仅仅由于上帝预知未来，未来就是预先注定的，又比如，反而是由于未来是预先注定的，所以上帝预知了未来。你暗示上帝必然预知未来，这样就贬损了上帝。

洛：为这场战斗，你已经全副武装，但让我们看看是谁被欺骗了，是你还是我。不过，我将首先应对你的后一个观点，即你说上帝预见未来是因为未来将要如此，祂在必然性的作用下努力预知未来。其实这并不是由于必然性，而是由于自然，由于意志，由于力量；除非上帝不会有罪、不会死去、不会放弃祂的智慧，除非这些可能是弱点的标志，而不是力量与神性的标志。因此，预视是一种智慧，当我们说祂不能回避预视时，我们并没有对祂施加伤害，而是增添祂的荣光。因此，我敢说，上帝不能回避对即将发生的事物的预视。现在，我来应对你的第一个观点：你说现在和过去是不可改变的，所以是可知的；你还说未来是可改变的，所以不能被预知。我要问的是：从现在起的 8 小时之后，夜晚将至，夏天之后将是秋天，秋天后是冬天，冬天后是春天，春天后是夏天——这些能够被改变吗？

安：这些是一直按照相同进程运行的自然现象，但我说的是关于意志的问题。

洛：你怎么看待偶然事情呢？它们无法归结于必然性，那它们能被上帝预视吗？今天可能会下雨，或者我可能找到一个宝藏，你是否承认这种没有任何必然性的事情可以被预知呢？①

安：我为什么不应该承认呢？你相信我会这样贬损上帝吗？

洛：你要确保当你说赞赏时，实质上不是在贬损。如果你在这里承认了，那么你在自由意志的问题中为什么要质疑呢？这两种事件可能以两种不同的方式发生啊！

安：事情不是这样的。这些偶然事件遵循它们自己的某种特定本质，所以医生、水手、农民习惯于预见未来的许多事——他们从先例中推算出了结果，而先例不能在意志事件中发生。② 你来预测我

---

① 波爱修斯（第 367、369 页，引用了亚里士多德《物理学》[*Physics*]第 2 卷第 4 章）同样引用了被埋藏的宝藏的例子来证明天意与偶然事件是相容的。

② 因此，瓦拉将事件划分为“一直按照相同进程运行的自然现象”，“遵循其自身某种特定本质”的“偶然事件”，以及“出于意志的事情”。由于他在下文中主张人类行为遵循人的个体性本质（第 173 页），所以他似乎是一个自然决定论者，将自由看作恩典的礼物。在 *Vita di Lorenzo Valla*（Florence，1891）一书中，Barozzi 称瓦拉是实证主义者时，就是这个意思。

将先迈出哪只脚，而无论你说哪只，都将是谎言，因为我会迈出另一只脚。

洛：我问你，还有哪个人会像这位格拉莱一样聪明？他以为他可以欺骗上帝，就像伊索笔下的那位男子将麻雀置于外衣下，并询问阿波罗这只麻雀是死是活，就是为了欺骗阿波罗。毕竟你不是让我去预测，而是让上帝去预测。我的确没有能力去预测未来会不会有一个好的收成，如你认为农民能做到的那样。但是，你不仅说了，而且还相信上帝不具有知道你将先迈出哪只脚的能力，你就将自己卷入了巨大的罪过。

安：你认为我在断言某事，而不认为我在为这场争论提出问题吗？你好像又在通过你的话语寻找借口，而且你在让步、拒绝战斗。

洛：好像我战斗不是为了真理，而是为了胜利似的！你亲眼看看我是如何被逐出自己领地的；你是否承认，上帝现在甚至比你自己还要更了解你的意志？

安：我确实承认这一点。

洛：你也有必要承认，你只会做意志决定的事情。

安：当然。

洛：倘若祂知晓作为行动来源的意志，那怎么会不知晓行动呢？

安：根本不是这样，因为即使我知道自己意志的内容，我也不知道自己将怎么做。不管什么情况，我并不想要去迈出这只脚或那只脚，而是迈出上帝将要宣布的那只脚之外的另一只脚。所以，如果你将我与上帝进行对比，那就像我不知道自己将做什么一样，上帝因此也不知道。

洛：应对你的这番诡辩有什么难的呢？祂知道你会给出跟祂将要说的所不同的回应，祂知道如果祂说右脚，你会首先迈出左脚；因此，祂无论说哪只脚，祂很清楚将要发生的事。

安：但这两只脚中，祂会说哪一只呢？

洛：你是说上帝吗？让我来了解你的意志，我来宣布接下来发生的事。

安：来吧，你来试着了解我的意志。

洛：你会首先迈出右脚。

安：看，是左脚。

洛：既然我知道你会迈左脚，你怎么证明我的预知是错误的呢？

安：但为什么你说的和你想的不一样？

洛：为了用你自己的技巧来欺骗你，为了欺骗那个想要骗人的人。

安：但是上帝自身在回答中是不会撒谎或欺骗的，而且你回答另一只脚也做得不对，上帝是不会这样回答的。

洛：你不是告诉我去“预测”吗？因此，我不应代表上帝说话，而是代表被你提问的我本人而说话。

安：你真善变啊！不久之前，你还在说我让上帝去“预测”，而不是让你去，现在，你却说得正相反。让上帝来回答我将会迈出哪只脚。

洛：真荒谬啊，好像祂会回答你似的！

安：什么？如果祂愿意，难道不能给我真实的回答吗？

洛：相反，作为真理本身的祂，会撒谎。

安：那他会回答什么呢？

洛：当然是回答你将要做的事了。但是，你不会听到。祂可能跟我说，可能跟其他人中的某个人说，可能跟很多人说。而且，当祂那样做了，你难道不认为祂做出了真实的预测吗？①

安：是的，的确祂会作出真实的预测，但如果祂将预测告诉我，你怎么认为呢？

洛：相信我，你会因此撒谎而等着去欺骗上帝，如果你听到或确切地知道他说你将要做的事，要么出于爱，要么出于恐惧，你会急忙去做你所知道的上

① 参见波爱修斯先前索引，第409页。波爱修斯也使用了此论证：“你会问，‘如果我有改变自身意图的能力，那要是我偶然改变了她所预知的事，我会挫败天意吗？’而我将会回答：你的确可能会改变你的意图，但天意的真理性处于现在的状态，它看到了你能做或不能做的事情，以及你重新意图去做的事，所以你不能避免神的预知……”

帝预测的事。但是，这与预知无关，让我们跳过吧。预知是一回事，预测未来是另一回事。说出你脑海中对于预知的任何看法吧，但要排除预测的部分。

安：就这样吧，因为我所说的事，与其说是代表我自己的观点，不如说是为了反驳你。我从这次离题中返回，回到我之前说的犹大必然背叛那儿。除非我们彻底废除天意，否则犹大必然背叛，因为上帝预见到了事情会是这样的。所以，如果某事可能不按照预见的情形发生，天意就被毁灭了；如果不可能，自由意志就被毁灭了——就算我们要取消天意，自由意志对上帝来说也同样毫无价值。若论我所担心的，我宁愿上帝不够智慧，而不是不够善。后者会损害人类，前者不会。

洛：我赞赏你的谦虚和智慧。当你没有能力获得胜利时，你没有固执地继续战斗，而是放弃并奋力进行另一次防守——这次防守好像就是你不久之前提出的论点。对此论点，我的回应是：某事可能最终会与它自身被预知的情形不同，但我不认为预知因此就会被欺骗。因为，什么能阻止“某事最终能够与它即将发生的情况不同”也变成真实的呢？能够发生的事和将要发生的事是十分不同的。我能成为一位丈夫、一位士兵或一位神父，但我将立即成为吗？根本不会。尽管我能够做与将要发生的事所不同的事，但我不会这样做；即使犹大的罪过被预见到，他自己也有能力不犯错,但他更愿犯错,这是被预见到的将要发生的事。因此,预知是有效的,而自由意志继续存在。这将使二者间可供选择,因为同时选择两者是不可能的,而祂将通过自身的光来预知哪一个将要被选择。

安：在这里,我可要难住你了。你难道不知道这一条哲学规则:任何可能的事物都应被承认,就好像它确然如此一样?某事可能不按照预见的情形发生;它可能会被允许那样发生,这样就能明显看出预知被欺骗了,因为这件事的发生与预知所相信的情形不同。

洛：你是在把哲学家的准则用在我身上吗?对,好像我不敢反驳他们似的!我确实认为你提到的准则——不管是谁说的——是最荒谬的。我能承认我可能先迈右脚,而我们可能承认这将发生;我也能承认我可能先迈左脚,而我们也可能会承认这将发生。因此,我会先于右脚迈出左脚,也会先于左脚迈出右脚,而凭借你对可能发生的事情的承认,我达成了不可能的事情。因此,你要知道,不能说可能发生的事就将会同样发生。你可能做与上帝的预知所不同的事,但你不会这样做,因此,你也不会欺骗祂。

安：我不会再反驳你了,而且既然我已经粉碎了我自己所有的武器,我也不会像之前所说的那样舍命战斗。但如果你可以通过其他任何一个论点来向我解释,并更充分而清楚地劝说我,那我洗耳恭听。[①]

洛:由于你现在是真实的自我,并且又在渴望我赞扬你的智慧和谦虚,那我将按照你的要求做,反正我也愿意这样。到目前为止,我所说的话并不是我之前决定要说的话,而是出于防御本身的需要才这样说的。现在,我来说说是什么说服了我,而且,或许它也将最终说服你——即预知并不是自由意志的阻碍。不过,你更希望我简短地谈及这个问题,还是更清楚更详细地解释它呢?

安:我总觉得,只要一个人把话讲得清楚易懂,就是最简短的;有些人讲话晦涩,尽管用的词最少,却总是最冗长的。此外,就说服他人而言,充实的表达自身就有一种特定的适宜性与恰当性。既然我从一开始就要求你更清楚地陈述这件事情,那么你就不应该对此有所质疑才是;不过,你还是怎么乐意怎么做吧,因为我绝对不会先于你而提出判断。

洛:的确,对我而言,重要的是遵循你的愿望、做你认为更方便的事。阿波罗——这样一位被希腊人大肆赞颂的神——通过他自身的本性或其他神灵的许可,预见和知晓了未来的一切事物,不仅仅是关

① 在此,瓦拉中断了他对波爱修斯的观点在本质上的重新改写,开始说他之前提到过的“我自己的东西”,见第 208 页。

于人类的事,也有关于神灵的事。因此,如果我们相信传统,如果当下没有什么能阻止我们接受传统,那么阿波罗为那些求问于他的人们提供了真实而确切的预言。塞克图斯·塔克文(Sextus Tarquinius)[①]向阿波罗求问将在他自己身上发生的事,我们可以声称阿波罗按照惯例以诗体形式作了如下回应:

> 你将堕为流亡的乞丐,
> 被愤怒的城邦人民所杀。

对此,塞克图斯说道:"阿波罗,你在说什么?难道我应受到你这样的预言,给我宣布一个如此残酷的命运,指派给我一个如此悲凉的死亡境况?我恳求你,撤回你的回答吧,预测一些更快乐的事情;我给你像国王一样盛大的祭献,你应该更倾向于

---

① 译注:塞克图斯·塔克文(Sextus Tarquinius)是高傲者卢修斯·塔克文(Lucius Tarquinius Superbus)之子。在其父对加贝衣城(Gabii)宣战期间,塞克图斯谎称被父亲虐待,逃入加贝衣城,获取了当地居民的信任和加贝衣城军队的领导权,随后以莫须有的指控杀害或流放了加贝衣城的高层,最终迫使加贝衣城屈服。后来,在围攻阿尔代亚(Ardea)城期间,塞克图斯觊觎堂兄之妻卢克蕾提亚(Lucretia)的美貌贞洁,强奸了她,由此引发其丈夫和父亲的怒火,这件事也成为了罗马人推翻塔克文暴政的导火索。国王塔克文被流放后,塞克图斯逃往加贝衣城,由于之前对加贝衣城的行为暴露,他被城邦人民杀死。

我。”阿波罗回应道:“年轻人啊,你的祭礼的确让我满意和愉悦;对此,作为回报,我为你提供了一个凄惨和悲凉的预言,我希望它能更快乐一点,但我没有能力这么做。我知晓命中注定的事,但我不能决定它们;我能够宣布命运,但我不能改变她。我是命运的标示者,而不是裁决者。如果更好的事情将要发生,我会揭示更好的事情。这当然不是我的错——我甚至不能阻止我预见到的自己的不幸。如果你愿意的话,控诉朱庇特(Jupiter),控诉命中注定的事,控诉事情发展进程所在的命运吧。对命运的力量和裁决与他们坐在一起;和我坐在一起的只有预知和预测。你诚心地祈求神谕,我就给了你神谕;你追寻的是真理,而我不能够说谎。你从一个遥远的地方来到我的神庙,而我不该不加回应地送走你。有两种东西与我最是格格不入:虚假与沉默。”塞克图斯能否像这样正当地回应这番话语:“是,的确,阿波罗——你以你的智慧预见了我的命运——这就是你的错;因为若非你看见了它,这件事将不会发生在我身上”?

安:他这样说不仅不公正,而且他也绝对不应该这样回答。

洛:然后怎么回答?

安:你为什么不说了?

洛:他不应该这样回答吗:“的确,我感谢你,神圣的阿波罗——你既没有以虚假来欺骗我，也没有沉默地拒绝我。但我还是要求你告诉我，为什么朱庇特对我如此不公与残酷，以至于他竟安排了这样一个悲惨的命运给我，给一个不应被如此对待的、无辜的崇拜众神的人”？

安：如果我是塞克图斯，我一定会这样回答。不过，阿波罗是怎么回答他的呢？

洛：“塞克图斯，你将自己称作不应被如此对待的、无辜的人吗？你可以肯定，你将犯下的罪行——通奸、背叛、伪誓以及那种几乎世代相传的傲慢——将会受到责备。”塞克图斯会这样回答吗：“我罪行的过错肯定更归咎于你，因为我是你预知到的将要犯罪的人，我就一定会犯罪吗”？

安：如果塞克图斯这样回答，那他就是疯了，而且这是不正当的。

洛：你有什么话想要代表他说吗？

安：一点儿都没有。

洛：所以，如果塞克图斯没有什么理由来反对阿波罗的预知，那犹大当然也没有什么理由能指责上帝的预知。而且，如果确实如此，那你刚才说你为之迷惑和烦恼的问题当然也就得到了回答。

安：它的确得到了回答，而且，完全解决了——这是我几乎不敢期望的。为此，我不但要感谢你，还要说我收获了近乎不朽的礼物。你已经展示了波爱修斯无法向我展示的东西。[1]

洛：现在，我将尝试说一些关于他的东西，因为我知道这是你期待的，而且我也承诺了会这样做。[2]

安：关于波爱修斯，你会说什么呢？对此，我将感到欣然愉悦。

洛：我们可以跟随我们所讲故事的进程。你认为塞克图斯没有什么话来回应阿波罗；我问你，如果一个国王拒绝给你提供一个官职或职位，因为他说你在那个职位上会犯下重大罪行，那么你会对这个国王说什么呢？

安："国王，我以你那最强壮和忠诚的右手为誓，我将不会在这个职位上犯下罪行。"

洛：可能塞克图斯也会同样对阿波罗说："阿波罗，我向你发誓，我不会犯下你所说的罪行。"

安：阿波罗是怎么回答的呢？

洛：他当然不会以国王的方式来回答，因为国王不像神灵一样已经得知了未来。所以阿波罗可能会说："我会说谎吗，塞克图斯？难道我不知道未来是怎样的吗？我说话是为了警示你，还是提供了一个预言？我再对你说一次，你将成为一个通奸者，你

---

① 因此，预知免除了对人类行为的责任，但这样做的时候，瓦拉设想人类本性是根据先定的条件作用而行动的，而不是拥有自由意志。接下来的段落将更清楚地说明这一点。

② 接下来的部分似乎与波爱修斯关系不大。

将成为一个背叛者，你将成为一个伪誓者，你将变得傲慢和邪恶。”

安：阿波罗这番话语多么可敬啊！塞克图斯能搜集什么论据来反驳它呢？

洛：难道你想不到他为自己辩解所提出的论据吗？难道他有一颗谦恭的心来让他自己被谴责而受难吗？

安：为什么没有呢——如果他是有罪的话？

洛：他不是有罪，而是被预测会在未来犯罪。的确，我相信如果阿波罗向你宣布这个，你就会逃避它而去祈祷，而且你不是向阿波罗祈祷，而是向朱庇特祈祷，你祈祷他能给你一个更好的心灵并改变命中注定的事。

安：我会那么做，不过，那样，我就会把阿波罗变成说谎者了。

洛：你说得很对，因为如果塞克图斯无法把他变成一个说谎者，那么他利用祈祷就是徒劳无功的。他应该怎么做呢？他不会被冒犯、激怒、迸发出抱怨吗？“所以，阿波罗，难道我不能在冒犯面前抑制自己吗？难道我不能接受德性吗？难道我无法改善心灵、使之远离邪恶？难道我天生没有自由意志吗？”

安：塞克图斯的这番话非常勇敢、真实和公正。神是怎么回答的呢？

洛：“塞克图斯，事物就是这样的。朱庇特创造了凶残的狼、胆小的兔子、勇敢的狮子、愚蠢的驴子、凶猛的狗和温顺的绵羊，所以他将一些人塑造成心硬的，另一些人塑造成心软的；他造出了惯于邪恶的人，也造出其他惯于德性的人。而且，他还将改过自新的能力给予一个人，又将另一个人变得不可救药。的确，他将一个邪恶的灵魂赋予你，没有任何办法来改过。所以你们两个——你将由于先天的特性而作恶，而朱庇特将会由于你的行为及其产生的恶果而施以严厉的惩罚——因此，朱庇特将以冥河沼泽(Stygian swamp)为誓，发誓一切将是如此。”[1]

---

① 对于塞克图斯的问题——“难道我天生没有自由意志吗”，瓦拉借阿波罗之口回答说：“你将由于先天的特性而作恶。”将这种处理方式与莱布尼茨(Leibniz)对此故事的延伸作对比会很有趣，见 *Opera*，ed. Erdmann，pp. 413—17。莱布尼茨说：“瓦拉的这篇对话是不错的。尽管各处都有一些东西需要修改。然而，主要的错误在于……他似乎以朱庇特之名谴责天意，几乎将朱庇特变成罪恶的创始者了。”他继续说，塞克图斯可以在改过自新和继续他自己的路之间做选择，而他选择了后者，这与瓦拉留下的可能性是相反的。之后故事继续，莱布尼茨通过新出现的角色帕拉斯(Pallas)展示了对塞克图斯开放的一切可能的未来。这个观点更像是多重可能性和理性自由的信条，这两种思想不仅是人们通常期望在人文主义者中发现的，也的确在皮科的例子中发现了它们。但是，这与瓦拉的信条十分不同，他将人看作是一个远不那么灵活的物种。莱布尼茨继续说(p. 417)：“我觉得对这个虚构故事的延续可以消除瓦拉完全不想提及的困难。如果阿波罗很好地代表了关于视域(它关系到存在物)的神圣知识，那么我希望帕拉斯不要被拙劣地塑造成关于简单智性(它关系到一切可能性)的知识的角色，在简单智性中，最终必须寻求的是万物的起源。”

安：当阿波罗干净利落地为自己开脱以后，塞克图斯更归咎于朱庇特了。相比朱庇特，我更支持塞克图斯。他大可公正地抗议道："那为什么这是我的罪过，而不是朱庇特的罪过呢？当我不被允许做除了邪恶之外的任何事情时，为什么朱庇特要为了他自己的罪过而谴责我呢？为什么他能毫无内疚地惩罚我？无论我做什么事，我不是出于自由意志而做，而是由于必然性而做。我能反抗他的意志和力量吗？"

洛：这就是我为了证明自己的观点而想说的话。因为这就是我讲的故事的要点了，也就是说，尽管上帝的智慧无法与他的力量和意志分离，但我可能会以阿波罗和朱庇特这样的方式来分离它们。一个神无法达成的事情，可以被两个神达成，它们各自都拥有自己适当的本性——一个为了创造人类的特性，另一个为了认知——这样天意可能看起来就不是必然性的原因，反而这一切事物，不论它们是什么，都必须归于上帝的意志。

安：看看，你曾把我从陷阱里挖出来，又把我扔回了同一个陷阱里。这个疑问就和我提出的关于犹大的疑问一样。在那里，必然性被归因于上帝的预知；在这里，必然性被归因于意志。你取消自由意志的方式有什么不同呢？你固然否认它是被预知毁灭的，但却说它是被神的意志毁灭的，这样一来，问题就回到了同样的原点。

洛：我说了自由意志是被上帝的意志取消的吗？

安：你的意思不就是这样吗？除非你解决你说话模棱两可的问题。

洛：请问谁替你解决这问题呢？

安：如果你不解决，我肯定不会让你走的。

洛：但这就违背了我们的协定，你对午宴不满意，还要求晚餐。

安：这样难道不是你通过一个欺诈性的承诺欺骗胁迫了我吗？混入欺骗的承诺是站不住脚的，而且，如果我被迫把吃进去的东西都吐了出来，我不认为我得到了午宴的招待。或者说得更轻一点，你把我送走的时候，我的饥饿比你接待我的时候一点都没有减少。

洛：相信我，我并不曾想以欺骗你的方式来向你进行承诺，那对我有什么好处呢？我甚至还未被允许以午宴招待你呢。既然你自愿接受了招待而且为此感谢我，那如果你说我强迫你吐出午餐，或说我送走你的时候，你还跟到来时一样饥饿，你就是忘恩负义了。你那是要求晚餐而不是午餐，而且你那是想要挑午宴的毛病，想要求我在你面前摆满琼浆玉液——那是神的食物，不是人的食物。我已经从我贮藏的食物中取出了鱼和家禽，从郊外的山丘中取出了酒，将这些摆在了你的面前。你应该向阿波罗和朱庇特他们请求珍馐和琼浆。

安：你所说的琼浆和玉液难道不是诗和神话中的东西吗？让我们将这虚无之物留给空洞和虚假的神灵——朱庇特和阿波罗吧。你从这些贮藏和地窖中拿出了午宴招待我，我晚餐也要求同样的东西。

洛：你觉得我会粗鲁到把前来吃晚餐的朋友赶走吗？但既然我看到了这个问题可能结束的方式，我那时顾及自己的利益而迫使你承诺：在那之后，你不会在你请求的那件事之外提出其他任何要求。因此，我继续招待你，与其说是出于公正，不如说是出于平等。你可能会从其他人那里获得这份晚餐——它并不完全为我所有，如果友谊可以信任的话。

安：我不会再给你添麻烦了，以免显得我对恩主忘恩负义、对朋友不加信任；但是，你建议我从谁那里寻求晚餐呢？

洛：如果可以的话，我不会为了晚餐而送走你，反而会与你一起去那里吃晚餐。

安：你认为没有人拥有这些你所谓的神圣的食物？

洛：我不应该这么想吗？[①] 你没有读过保罗

---

① 在之前的段落中以及在下文对保罗的引用中，瓦拉似乎在声明他本质上的不可知论立场。因此，他进一步限制了自己对人类能力的构想。

(Paul)说的关于利百加(Rebecca)[1]和以撒(Isaac)[2]的两个孩子的话吗？在那里，他说道：

双子还没有生下来，善恶还没有做出来，只因要显明神拣选人的旨意，不在乎人的行为，乃在乎召人的主。神就对利百加说："将来，大的要服事小的。"正如经上所记：雅各是我所爱的；以扫是我所恶的。这样，我们可说什么呢？难道神有什么不公平吗？断乎没有！因他对摩西说：我要怜悯谁就怜悯谁，要恩待谁就恩待谁。据此看来，这不在乎那定意的，也不在乎那奔跑的，只在乎发怜悯的神。因为经上有话向法老说："我将你兴起来，特要在你身上彰显我的权能，并要使我的名传遍天下。"如此看来，神要怜悯谁就怜悯谁，要叫谁刚硬就叫谁刚硬。这样，你必对我说："他为什么还指责人呢？有谁能抗拒他的旨意呢？"你这个人呐，你是谁，竟敢向神强嘴呢？受造之物岂能对造他的说："你为什么这样造我呢？"窑匠难道没有权柄从一团泥里拿一块做成贵重的器皿，又拿一块做成卑贱的器皿吗？(《罗马书》9：11—21)[3]

---

① 译注：利百加(Rebecca)，亚伯拉罕兄弟拿鹤的孙女、以撒之妻。

② 译注：以撒(Issac)，亚伯拉罕之子，其妻利百加生以扫和雅各。以扫是以东人之祖，雅各是以色列人之祖。

③ 译注：本文中的《圣经》中译文采用1988年版的新标点和合本的翻译，下同。

不久之后，好像上帝智慧的极度光辉炫盲了他的双眼，他赞颂道："深哉，神丰富的智慧和知识！他的判断何其难测！他的踪迹何其难寻！"(《罗马书》11:33)毕竟，如果那上帝的选民——他甚至被提到了第三层天——听到了人不允许说出但也是不能说出甚至不能察觉到的秘密话语，最终谁会希望他能找出并理解这些话呢？然而，要仔细注意的是，据说，自由意志被上帝意志所阻碍的方式，与它被预知所阻碍的方式是不同的。因为意志[①]有着先前的起因，这起因坐落于上帝的智慧之中。的确，上帝使一人刚硬，又对另一人怜悯——关于这一点需要援引最可敬的原因，即祂是最智慧与最善的。作为绝对的善，上帝公正地行事——如果不这样相信，那就是不虔敬了。然而，在预知中不存在公正与善的任何前情或起因。我们不会这样问：为什么祂预知的是这样，或为什么祂希望如此？我们反而只会这样问：如果上帝取消了自由意志，那祂怎么是善的呢？如果某事不可能按照预知之外的情形发生，祂就会取消自由意志了。好，上帝的确没有带来必然性，而且祂"使一人刚硬，又对另一人怜悯"也没有剥夺我们的自由意志，因为祂最为智

① 不清楚这是指神的意志，还是人类的意志，但指神的意志似乎更合理一些。

慧且完全神圣地这样行事。[1] 上帝已将这个起因的深层原因置于一种特定的秘密宝藏之中。我不会隐藏这样一个事实:某些人已敢于去探究这个意图,他们说,那些被严厉对待和摈弃之人的遭遇是公正的,因为我们来自那被污染了的转化为泥土的一团——这是由于我们最初的父母的罪过。好,如果我单刀直入地用一个论点来回复你,那我就要问,亚当是由未被污染的物质组成的,他为什么因罪过而被上帝严苛对待?而且他为什么用泥土造出那一整块的后代呢?

天使身上发生的事也是类似的。他们有一些被变得刚硬了,有一些获得了怜悯,尽管他们都是由同样的东西组成,都来自于那同样的未被污染的一块,它迄今为止——如果我可以大胆地这么说——都依然存在于一种东西的本质和一种物质的性质之中,可以说,这种东西和物质就是黄金的。天使中的一些没有通过上帝的挑选变得更好,另一些也没有因为上帝的摈弃而变得更坏。有一些就好像在圣桌前行使牧师职务的选民一样接受了恩典,其他则可以

① 这似乎暗指人的确拥有自由意志,但是上帝的智慧不能被质疑,而且自由意志本身也被置于一个模糊的地位——如果我们被变得刚硬而不得不犯罪,或是被施以怜悯而能够做善行。后一种情形似乎最接近自由,这样,自由就不是人类自然拥有的,而是变成了恩赐的礼物——这个立场非常接近路德。

被认为是看不见的被摈弃者,因为他们集齐了每一种污鄙,这比变成泥土更为可憎! 由于这个原因,他们的绝罚比人的绝罚更可悲。因为天使们由黄金组成,人由白银组成,如果黄金被注满了污秽,则比白银被注满污秽更令人愤慨。因此,亚当体内的白银物质——或者你愿意叫它泥土也可以——没有被改变,反而依旧和以前一样。故而,就如亚当体内的白银物质一直伴随他一样,我们的白银物质也一直伴随着我们。保罗不是说过,从同样的泥块里,一个选民被冠以荣誉,另一个则承载耻辱吗? 也不应该说冠以荣誉的选民是由被污染的物质组成的。所以我会说,我们是由白银组成的选民,而不是由泥土组成的选民,而且我们是长久以来承受耻辱、永罚与死亡的选民,而不是经受刚硬的选民。由于我们最初父母的不顺服,作为他们骨肉的我们全都犯了罪,上帝向我们贯注了死亡的惩罚,这并不是由于刚硬而导致的罪行。保罗也是这么说的:"然而,从亚当到摩西,死就作了王,连那些不与亚当犯一样罪过的,也在他的权下。"(《罗马书》5:14)

如果我们真的由于亚当的罪行而被变得刚硬,又依靠基督的恩典而得到解脱,那么我们将不会再被刚硬,但情况不是这样的,因为神使我们中的许多人都刚硬。所以,在耶稣的死亡中受洗礼的所有人都摆脱了那原罪和死亡。受了洗礼仍不够,他们中的一些人还接受了怜悯;而其他人则像亚当和天使那样,被变得刚硬。让那想回答这个问题的人来回答:为什么祂使一人刚硬,又对另一人怜悯?我将承认,回答者是天使而不是人,如果天使甚至知道答案的话——这我是不信的,因为保罗不知道答案(看看我多么重视他)。所以,如果那些总是看到上帝面孔的天使都不知道答案,那么我们的胆子究竟有多么大才会想要去知道答案啊?但在得出结论之前,我们应该谈论一下波爱修斯。

安:你很及时地提到了他。事实上,我曾很担心这个人——他期望他能亲自知晓这件事并教导别人,他并不是沿着保罗的路,但仍趋向同样的方向。

洛:他过度自信地去尝试那些远超他能力的事物,而不去追寻同样的路,也不去完成已经开辟了的路。

安:这是为什么呢?

洛:听着,这是我之前想说的:保罗首先说,“据此看来,这不在乎那定意的,也不在乎那奔跑的,只在乎发怜悯的神。”但波爱修斯在他全部的论证中断定,这不在于那预见的神,而在于那定意和奔跑的人。[①] 事实上,他不仅在文字上这样断定,在实质上也是如此。然后,只争论上帝的天意就不够了,除非

---

① 这足够明确地否认了人类独立性的信条。

也讨论(上帝的)意志。简言之,这可由你的行为来证明。你之前对于第一个问题的解释不满意,就还想问下一个问题。

安:如果我深入地细想你的论证,就觉得你表达的关于波爱修斯的观点是最正确的,甚至他也不能就此提出上诉了。

洛:对于一个基督教徒来说,是什么原因使他背离保罗,并使他在对付保罗曾处理过的同样的问题时,从未想起保罗呢?而且,在整个《慰藉》作品中,没有发现任何关于我们的宗教的东西——没有任何导向神佑生活的规诫,也没有提到基督,几乎连关于基督的暗示也没有。

安:我相信这是因为他太过狂热地追求哲学了。

洛:你的观点很好,更确切地说是你理解得很好,因为我也认为一个狂热追求哲学的人不可能取悦上帝。因此,波爱修斯向北而不是向南航行,他没有将载满酒的舰队带进故土的港口,而是冲上了野蛮人和异国人的海岸。

安:你证实了你所说的一切。

洛:因此,让我们得出结论,达成某种结果吧,因为我认定在预知、上帝意志和波爱修斯这三个问题上,我已经满足了你。其余我所说的是为了劝诫而不是教导你,尽管你有一个构造良好的灵魂,不需要劝诫。

安：的确是的，继续说下去吧。劝诫永远是恰当有用的，而且我也习惯于高兴地从他人和最亲密严肃的朋友那里接受劝诫，就如同我一直尊重你一样。

洛：确实，我不仅仅要劝诫你，还要劝诫在场的其他人，并首先劝诫我自己。我说过，无论是人，还是天使，都不知道那“使一人刚硬，又对另一人怜悯”的神圣意志的原因。如果由于对这个问题以及其他许多问题的无知，天使们不会失去对上帝的爱，不会逃避他们的工作，也不认为他们自己的福祉会因此减少，那我们应该由于同样的原因而背离信仰、希望和博爱，并如同被命令着一样而抛弃它们吗？而且如果我们相信智慧的人，甚至没有理由，只是由于权威性，那我们难道不应该相信作为上帝的力量与智慧的基督吗？他说他希望拯救所有人；他说他不希望罪人死去，而是希望他能皈依并生存下去。如果我们没有担保就将金钱借给好人，我们是否应该要求从基督那里获得保证呢？在他身上不存在任何欺骗。如果我们将自己的生命委托给朋友，我们不应该敢于将其委托给基督吗？为了我们的救赎，他承担了肉体的生命与十字架上的死亡。我们不知道这件事的原因，它有什么结果呢？我们立身是凭借信仰，而不是由于原因的可能性。为证实信仰，知识可以起到很大作用吗？谦逊可以起到更大的作用。使徒说(《罗马书》12:16):“不要志气高大,倒要俯就卑微的人”。对于神圣事物的预知有用吗？仁爱更有用。因为使徒同样说过:“知识是叫人自高自大,惟有爱心能造就人。”而唯恐你们觉得有关人类事务的知识的话说得太多,他说:“又恐怕我因所得的启示甚大,就过于自高,所以有一根刺加在我的肉体上。”让我们不要希求去知晓那高度,但要感到恐惧,以免我们自己变成那种哲学家们——他们自称智慧,但却是愚蠢的;他们唯恐对任何事物表现出无知,就对所有事物进行争论。他们高谈阔论那天堂,希望对它进行衡量——我不是说要撕碎它——就像骄傲鲁莽的巨人一样,他们被神的强壮前臂投摔向地面,如同西西里的提丰(Typhoeus)[1]一样被埋进地狱。这些哲学家中最主要的有亚里士多德,在他身上,最优秀而伟大的神揭示了并最终谴责了他的傲慢和大胆——不仅仅是这位亚里士多德这样,所有其他哲学家也是如此。因为当他(亚里士多德)无法认识尤里普斯(Euripus)[2]的本质时,他跃入深渊,被吞噬

① 译注:提丰(Typhoeus),泰坦族的一员,身高数百米,长有一百个蛇头,是古希腊神话中可怕而致命的怪兽。提丰为争夺宇宙的领导权而与宙斯作战,最终被宙斯打败,并逐入地狱。

② 译注:尤里普斯(Euripus)是希腊半岛和埃维亚岛(Euboea)之间的一条狭长海峡,与地中海东部水域不同的是,其水流非常湍急危险,小型船只无法航行。

了,但在那之前,他为上帝作了见证,说了这句话:

> 既然亚里士多德无法理解尤里普斯,尤里普斯抓住了亚里士多德。①

还有什么比这更傲慢、更疯狂呢? 或者说,由于对知识的极度贪婪,上帝使他变成了一个疯子,由此,他遭受了自身的死亡,我会说,这种死亡比那最邪恶的犹大的死亡还要可怕——上帝以此谴责他和类似他的其他人的聪慧,还有什么比这种审判更明显呢? 因此,让我们避开对于崇高事物的贪婪求知,而去俯就那低级的事物。因为对于基督教徒来说,没有什么比感受谦卑更有用了。这样我们更能意识到上帝的伟大,据此有文:"神阻挡骄傲的人,赐恩给谦卑的人"(《彼得前书》5:5)。为了获得这恩典,我不再为此问题而焦虑,以免在研究上帝的威严之时被祂的光辉炫盲双眼。我希望你也会这么做。这些就是我以劝诫的方式所必须说的话,这些话与其说是为了改变你和他人的观点,不如说是可以展现我自己的心灵趋向。

安:确实,这番劝诫不仅很好地展现了你心灵

① Gregory Nazianzen, *Oratio IV*, *Contra Iulianum* (Migne: Patrologia Graeca, XXXV,597)引用了同样的传说。

的信念,也深深地打动了我们——如果我可以替其他人回答的话。你愿意将我们之间的这场辩论记录成文并做一场关于它的报告,以便将这件好事分享给其他人吗?

洛：这建议很好。让我们把其他人变成此事的评判者,以及分享者——如果这样做是好的。首先,让我们将这场辩论写下来,如你所说的那样做成报告,发给莱里达大主教(Bishop of Lerida)。我将把他的判断置于首位,先于我所知道的一切。只要他一个人赞同了,我就不会害怕其他人的反对。因为,相比安提马科斯(Antimachus)[1]对柏拉图,相比西塞罗对加图,我更重视他。

安：你所说和所做的再正确不过了,我请求你尽快做这件事。

洛：我会这么做的。

① 译注:安提马科斯(Antimachus),古希腊诗人。

费奇诺《关于心灵的五个问题》导言

约瑟芬·L.巴勒斯(Josephine L. Burroughs)

作为在15世纪的意大利最具影响力的柏拉图主义拥护者,马尔西里奥·费奇诺既属于古典哲学跌宕起伏的发展史,也属于那些我们称为"现代"的观点和态度的演进史。1433年,费奇诺出生在佛罗伦萨附近,而那里环境中的人文主义影响对他的写作风格和所关注的问题起到了巨大的形塑作用。在科西莫·德·美第奇(Cosimo de' Medici)[①]的资助下,费奇诺致力于复兴意大利的柏拉图主义——不仅将其作为一种独立的哲学信条,还作为一种智性运动,它有着古典学派标志性的活力和兴趣社群。费奇诺计划中的第一部分包括将柏拉图主义的来源材料译为拉丁语,使之易于阅读。在这些拉丁语译本中,《秘文集》(*Corpus Hermeticum*)的翻译完成于1463年,柏拉图对话集的翻译完成于1468年,波

① 译注:科西莫·德·美第奇(1389—1464年),意大利佛罗伦萨美第奇家族成员之一,于公元1434年在佛罗伦萨建立僭主式统治。

菲利(Porphyry)[1]和普罗克洛斯(Proclus)[2]的一些作品翻译完成于1489年，大法官狄奥尼修斯(Dionysius the Areopagite)[3]的作品翻译完成于1492年。

1462年，科西莫建立了后世所知的佛罗伦萨的柏拉图学院(Platonic Academy of Florence)。尽管只是名义上的“学院”，这座位于卡雷奇(Careggi)的宅第使费奇诺有机会在一群志同道合的思想家、艺术家和文人中宣扬他的柏拉图主义研究，并将他的思想成果展示给志趣相投的热情观众。通过在卡雷奇的这种“教学”，并通过他自己的创作——尤其是他的主要作品《柏拉图神学》(*Theologia Platonica*)，以及那些构成《书信集》(*Letters*)一书的短文——费奇诺激发了一种对待柏拉图主义素材的新看法，他将其看作一个全面的框架，人文主义的主导观点和主要问题可以在其中得到表达和解决。费奇诺的作品之所以广为流传并产生复杂多样的影响，正是由于这种看法及其所衍生出的学说的特征，而

① 译注：波菲利(Porphyry of Tyre，约234—305年)，新柏拉图主义哲学家。

② 译注：普罗克洛斯(Proclus Lycaeus，412—485年)，新柏拉图主义哲学家。

③ 译注：狄奥尼修斯(Dionysius the Areopagite，生于公元1世纪)，雅典最高法院大法官，第一位雅典主教，被罗马天主教和东正教尊为圣徒。

不是由于柏拉图主义的复兴本身。

那么，费奇诺的柏拉图主义哲学具有什么与众不同的特征呢？根据费奇诺自己的陈述，他相信在柏拉图主义哲学和基督教信仰之间存在和谐的关系，这使他决定选择柏拉图主义作为哲学体系的来源和框架。当然，运用柏拉图主义的概念和论点来支撑和发展宗教信仰的做法，并不是一种创新，反而是回归了早期基督教教父的倾向。在判定柏拉图主义比其他所有哲学都更为优越的过程中，费奇诺援引了奥古斯丁作为他的向导。然而，在此之前，作家们或是将特定的柏拉图主义信条从它们原先的语境中分离出来使用，或是吸收了被其他人稀释过的柏拉图主义的观点。费奇诺有意地开始将柏拉图主义学说作为一个整体与基督教教义相结合，而这本身就是几个世纪逐渐发展而来的结果。只有在柏拉图主义作家们的原初而完整的文本得以复原之后，这样一种尝试才成为了可能，而且，这也基于人们早期对柏拉图主义的评价与费奇诺对柏拉图主义的评价之间所存在的基本性的区别。例如，在《论基督教教义》（*De doctrina Chritiana*）中，奥古斯丁建议说，如果柏拉图主义者们“碰巧”教授过任何“真实的并与我们的信仰相和谐”的东西，那他们这部分的教学应该被基督徒们挪用，但基督徒们必须“在精神上使自己与这些悲惨的人脱离开来"。[①] 然而，费奇诺将柏拉图主义看作可以与神圣律令比肩的权威学说，并和后者一样，将柏拉图主义与独立的哲学推理相对照。不仅柏拉图主义传统自身受到了神启，它的复兴也是必要的，以使基督教得以被人们确信，并使之足够合乎理性，以满足那个时代充满怀疑而不信神的人们的心灵。

这个变化揭示了一种关于人类所渴望的统一性和普遍性的新概念，就这种概念而言，我们可以陈述费奇诺思想中某些重要的特性。首先，哲学已经不再被认为是一种与宗教分离的活动，无论它是作为宗教的对手还是"婢女"。二者都是精神生活的表现，而且就此而言，他们只有一个目标——最高善的获得。二者都互相需要彼此，因为宗教将哲学从一种对于最高善的较低级的定义中解救出来，而哲学将宗教从无知中解救出来，如果没有知识，这个目标也不可能达到。因此，对于费奇诺而言，哲学必须是宗教化的，宗教必须是哲学化的。作为哲学化的理论体系，费奇诺将普遍原理运用于各种级别的存在中，他的理论体系以此而建立。同时，作为宗教化的理论体系，它最终与一个关于宇宙的理论体系相关联，只因在这个体系中，对于人类灵魂的赞颂可以获得合法性，而且它获取最高善(summum bonum)的

① *De doctrina Christiana ii*. 40.

目的可以得到论证。这种对于人类灵魂的独特本质和命运的关注是内在于宗教传统之中的。将这种概念与作为整体的自然相联系,并以此来发展这种概念——这种愿望源于新人文主义的趋向。费奇诺坚信这种概念可以由推断性思维体系的一部分——理性论辩——来证明,这说明在费奇诺的理论中,宗教遗产与新人文主义共同呈现出了哲学化的形式。

其次,柏拉图主义起源于神圣的论断是与人文主义的信念相联系的——这种信念相信人类普遍具有展望和获得最高善的能力。在费奇诺的作品中,基督教的真理性和优越性是毋庸置疑的,但是这种真理性与优越性并不依赖于一个唯一的启示。相反,基督教不能被看作真正意义上的宗教,除非所有时代的所有人类都欲求并有能力达到同一个目的,且基督教把对此目的的追求定义为通往救赎的唯一路径;也不能认为基督教就是优越的,除非它有助于这样一种自然目的的获得并使之完满。因此,费奇诺必须在人类自身的本质之中寻找到一种基础,以此使最高善与“认识并乐享上帝”等同起来。从其他文化与时代的思想家的观点中,我们或许可以找到一些依据来支持“这种基础确实存在”的论断。例如,在本篇译文中,费奇诺运用了赫尔墨斯学说、逍遥学派、柏拉图主义学说和波斯的作者们对这种基础的认同作为论据。依此而言,我们不能说作为人文主义者和柏拉图主义者的费奇诺与经院思想家、亚里士多德或亚里士多德学派相悖。他反而毫不犹豫地使用了前者的方法以及二者的观点。[①] 例如,类属之首(primum in aliquo genere)和自然欲望(appetitus naturalis)原则直接与中世纪亚里士多德传统联系了起来。他的许多专业术语是直接从经院作家那里拿来的,并没有对其意义作本质改动,而且他的许多论文,包括当前的这篇,都保留了问题集(quaestiones)的形式。

在《关于心灵的五个问题》[②]中,费奇诺开始论证所有人类欲望与活动的最终目的只能是"无限的真理和善",即上帝;而且灵魂一定能够达到这个目的并永远享有它。"灵魂必然被导向某种独属于它的目的并最终能够达到那个目的"的论断依赖于自然运动学说,或者说自然欲望(appetitus naturalis)学说。"灵魂的这个目的是无限的真理和善"以及"这个目的只有在来世才能达到"的论断依靠灵魂的

---

① 参见 P. O. Kristeller, "Florentine Platonism and Its Relations with Humanism and Scholasticism", *Church History*, VIII, 1939, 201ff. 。

② 创作于1476年,即完成《柏拉图神学》(*Theologia Platonica*)的两年后,这篇论文于1477年被收录进一个《柏拉图智慧的五把钥匙》(*Five Keys of Platonic Wisdom*)的文集,也收录进了费奇诺书信集(首次出版于1495年)的第二册中。参见 *Supplementum Ficinianum*, ed. P. O. Kristeller, Florence, 1937), I, xcv ff. 。

独特性质、普遍性以及双重倾向而得以阐明。

对于费奇诺而言，自然欲望学说[1]既是对被观察到的规律性变化的事实的必要解释，又是上帝之完美以及祂（上帝）与宇宙之联系的结果。人们观察到的受造物的规律源于一种内在于每个物种独有的本质之中的倾向或欲望，源于一种向着与那个物种的独特目的——也就是那个物种的善——而前进的倾向。任何运动的起源都能以此在运动事物的本质之中发现；任何运动的目的都能在那个事物的完满之中发现。这些倾向之所以被称作“自然的”，是因为它们直接依赖于本质，并且是同一物种的所有成员在任何时候都共有的。而且，由于依赖于本质，每一种自然倾向都最终与上帝相联系。特殊善与最高善之间的关系，以及在特殊事物中发现的秩序与作为秩序来源的上帝之间的关系，说明了“类属之首”（primum in aliquo genere）这一普遍的本体论原则。

根据这个原则，[2]在每一个类属之中都有一个最高成员，或者说是“首”（primum），它自身就贯彻包含了这个类属独有的本质。“首”是类属内其他所有成员所享有的特质的原因和来源，其他所有成员

---

① P. O. Kristeller, *The Philosophy of Marsilio Finico* (New York, 1943), chap. x.

② 同上，chap. ix。

的特质也必然会反向追溯回“首”。每一个类属的所有成员都因此被组织纳入一个明确的等级体系,从纯洁而完整的“首”开始,经由那些仅仅部分地享有决定性本质并包含其他与本质不同的特质的等级,逐级下降呈现阶次。这个原则适用于任何共同享有某些特定特质并在其余特质上有所不同的复数实体。例如,费奇诺所说的存在的五个等级是作为原因和结果依次相连的,所以上帝之下的每个等级都在某种意义上模仿上面的那一级,又在另一种意义上与之相异;而且每个等级相对于它自身之上的等级而言都是被动(passive)的,相对于它自身之下的等级而言则都是能动的(active)。

由于整体存在被设想为一种类属,所以上帝作为存在与善本身,可以被称作这种类属的“首”(primum)。故而,上帝之下的一切事物都从祂那里获得存在与善。由此可以推知,一切自然欲望,无论是关于起源,还是关于目的的,都与上帝相连。作为一切存在之原因的上帝是每个受造物的欲望的本质起源。每种欲望的目的是一种善,而上帝就是善本身,所以一切欲望都从作为最高目的的上帝那里“获得它的起源”。最后,由于秩序是自然欲望的结果,因此无论何种秩序都源于上帝。

上帝与受造物之间的这种关系,确保了受造物可以获得适当的目的。正如在特定事物中发现的秩序与善最终都依赖于上帝，全部秩序的完满也是上帝之完满的必然结果。只要受造物存在，那么它就会对整体的秩序和善做出贡献。在此意义上，如若一个自然欲望缺乏达成它适当目的的力量，那么它将是没有价值的，从而也与"自然秩序"(order of nature)相悖。

既然所有不够完满的事物都朝向它们的目的并在那里获得完满，那么类似的是，灵魂也一定拥有一种自然欲望，欲求着一个与它的善所等同的目的。与其他欲望一样，这种欲望一定植根于欲求中的事物本质。因此，对于灵魂的最终目的和善的明确规定必须建立在如下信条之上：灵魂在形而上领域中具有独一无二的地位，并由此具有各种独特的性质。在费奇诺关于存在的等级体系中，灵魂是第三等的、处于中间位置的实质①，是"运动的源泉"。由于灵魂所处的中心位置，它与自身上下的万物都有亲缘关系；由于它的自我运动，它能够向着上下这两个方向任意运动。因此，通过心智，灵魂力求知晓万物；通过意志，它力求享有万物。只有获得了那个作为其他一切真理与善的来源的"无限真理与善"——即上帝——灵魂的这种对于全部真理与善的欲求才能

① *Theologia Platonica* iii. 2, trans. in *Journal of the History of Ideas*, V (1944), 227ff.

够得到满足。

正如其他所有事物一样，灵魂一定能够获得这个欲求的目的。与其他事物不同的是，并不是灵魂的自然欲望在场，这个目的就一定能够获得。由于灵魂处于中心位置，人的灵魂具有双重性质。人与更低级的生命形式都拥有生殖、营养和感觉的能力，而这一切构成了低级的或无理性的灵魂。灵魂的更高级部分不仅包括沉思的能力（即严格意义上的“心灵”），这是人和天使与上帝都拥有的能力；还包括理性的推论能力（discursive power of reason），这是人所独有的。与此相对应，灵魂自身具有两种倾向，一种趋向肉体且与感觉相关，另一种趋向上帝且与理性的灵魂相关。由于人类理性是自由的，它可能会抵抗各种感觉，又可能会被它们误导；但无论是哪种情况，理性都无法获得它自身的目的与善，或能使灵魂的更低级部分得到满足。这个结论，就是费奇诺通过对普罗米修斯神话进行的人文主义解读而得出的悖论。[1] 由于理性的存在，人类的本质或实质比上帝与天使之下的一切存在——即所有以运动为特征的事物——的本质都更为完美，所以理性拥有某些确定的欲求。同样由于理性，人无法获得快乐，即

① 对普罗米修斯神话在文学和绘画领域的类似的解读，参见 Erwin Panofsky, *Studies in Iconology*, New York, 1939, pp. 50—51，尤其 n. 53。

最终的完满。这个结论不仅违背人类的完满性，也违背了“没有哪个自然欲求是徒劳无益的”这一普遍的本体论原则。因此，说到这个原则时，费奇诺断言，人类灵魂必定认知并乐享上帝，若非在今生，便是在来世。灵魂这样获得了一种倾向的目的，即朝向上帝，但又不能抛弃另一种倾向，也就是朝向肉体，因为这也是“自然的”。所以，只有当灵魂的第二种倾向拥有它自己“变得不朽”(made everlasting)的肉体并由此得到满足时，灵魂才能获得最终的目的。在这种最为自然的状态中，灵魂获得了永恒的休止。①

① 这一关于肉体复生的论证令人想起了托马斯·阿奎那的肉体复生论证，参见 Thomas Aquinas *Summa contra Gentiles* iv. lxxix。

关于心灵的五个问题[1]

关于心灵的五个问题:第一,心灵的运动是否朝向一个明确的目的[2];第二,心灵运动的目的是运动还是休止;第三,这个(目的)是特殊的还是普遍的;第四,心灵究竟能否达到它所欲求的目的;第五,当心灵达到目的之后,是否还会失去它。

马尔西里奥·费奇诺向他的哲学家同道们致以问候

智慧,源于万物创造者朱庇特(Jove)的头顶,[3]

---

① *Epistolae*, Book ii, No. I (ed. Venice, 1495 [Hain7059]), fols. Xxxviii ff. Cf. *Opera* (ed. Basel, 1576), pp. 675ff.

② 译注:"目的"(end)亦有"终点"之意。

③ Summum caput(至高的头部),字面意义为"头部的最顶端部分",这一短语也经常被用于指称山的顶端部分或者顶点。因此,费奇诺将这一短语用于朱庇特的头部,并以暗示的形式,指代塞拉诺山的山顶,也象征了存在的最高领域和灵魂的最高部分。译注:"乔武"(Jove)亦即罗马主神朱庇特。

她向爱她的哲人们发出警示：如果他们真心期望有朝一日可以拥有他们的所爱，就应永远追寻事物的顶点，而不是低处；因为帕拉斯(Pallas)，这位由高远天界而送入凡间的神灵后裔，本身就时常去往她自己在高处建造的城堡。[1] 而且，她向我们揭示，除非我们首先少考虑灵魂的低级部分并由此而升至灵魂的最高级部分，即心灵，否则我们无法到达事物的顶点。最终，她向我们承诺，如果我们将力量集中于这一灵魂中最丰饶的部分，那么毫无疑问，凭借灵魂的这一最高部分本身，即凭借心灵，我们自身就将拥有创造心灵的能力；[2]我在这里所说的心灵，是密涅瓦(Minerva)女神的伴侣，也是至高神朱庇特的养子。所以啊，我最优秀的哲学家同道们，不久之前，在塞拉诺山(Monte Cellano)上，我或许在一整夜的思考

---

① "Pallas enim Divina progenies quae coelo demittitur alto: Altas ipsa colit quas et condidit arces." 参见 Virgil, *Eclogue IV*, 1. 7: "iam nova progenies caelodemittitur alto"；以及 *Eclogue II*, 1. 6I: "Pallas quas condidit arces ipsa colat"。

② Mente mentem procreaturos(心灵创造心灵)。心灵，作为灵魂最高级的能力，可以创造灵魂的沉思状态，或者说是最高级的状态。此处"心灵"是在比喻的意义上等同于心灵所创造的哲学论述。参见 Plotinus *Ennead III* viii. 5 以及费奇诺的拉丁文译本 iii. viii 4:"(更高级的灵魂的)沉思和自然倾向不但渴望学习，而且热切于质询；此外，它在通过事物获取知识时会从中遭遇阵痛，并最终获得完整的累累硕果；以上说明了灵魂本身完全变成了一个被沉思的事物(contemplamen)，它可能产生另一个被沉思的事物。"

中运用心灵而创造了这样一种心灵;现在,我将把这种心灵介绍给你们,因为你们的心灵远比马尔西里奥的心灵更加丰饶,不妨说,我希望你们在竞争欲的驱动下,能够有朝一日创造出更值得朱庇特和帕拉斯一观的产物。

每个自然物种的运动,①可知是从一个明确的起源导向一个特定的目的,并沿此前进,因为它被某种有序的方式驱动着

每一个自然物种的运动都遵循着特定的原则而前进。不同的物种以不同的方式运动,并且每一个物种在其运动中总是保持着固定的路线,这样它们便总以某种最和谐的方式,从一处行进到另一处,然后又原路返回。我们尤其要探究这种运动规律的起源。

根据哲学家们的看法,运动有两个极限,即运动的起源和运动的目的。从这两个极限中,运动获得了其规律。因此,运动并不是从一个不定且无序的状态向另一处运动,而是从一个明确且有序的状态(它的起源)被导向另一个明确且有序的状态(它的目的),并与起源相和谐。当然,每种事物都会返回

① 运动既指从一种状态到另一种状态的改变,也指从一个地点到另一个地点的改变。

它自己的位置,而不是回到其他事物的位置。如果事实并非如此,那么不同种类的事物有时会以同样的方式运动,相同种类的事物有时会以不同的方式运动;类似地,相同种类的事物会以不同的方式、在不同的时间被置入运动中,而不同种类的事物常常会被置入相同的运动中。而且,如果事实并非如此,运动的规则秩序就会被摧毁——通过这种秩序,运动会在某个特定的时间以适当的步伐和适宜的形态缓缓前行,又在一定的时间间隔后转回。需要补充的是,如果每一个运动不遵循某个特定的原则而行进,它就不会导向确定的领域、特性或实在,而是通向其他什么地方了。

最具秩序的宇宙的运动由神圣天意导向一个确定的目的

如果每个运动都遵循着这样绝妙的秩序而完成,那么宇宙自身的整体运动肯定也不会缺少完美的秩序。的确,由于每个运动都从宇宙的整体运动中产生,而又有助于整体运动,所以它们从整体运动的秩序中获得自身的秩序,而它们自身的秩序又促成了整体运动的秩序。在万物的这种共同秩序中,一切事物无论多么庞杂,都会被一个确定的、和谐而理性的计划引导而回归统一。由此,我们可以得出结论：一切事物都由一个最富理性的秩序制定者所引导。确实，至高的理性秩序源于心灵的最高的理性和智慧；而且每种事物所通往的特定目的是由那种心灵所规定的；当然，各种事物运动的目的也被引导通向万物运动的共同目的，后者也一定是由心灵所规定的。

关于元素、植物和野兽运动的目的

对于元素、植物和非理性动物运动的目的的认识，我们是确切无疑的。当然，有些元素会由于其自身具备特定的重量而向着宇宙中心下沉，而其他元素会由于自身的轻盈而上升到至高领域的穹顶。同样明确的是，植物的运动源于营养和繁殖的力量，在得到了充分的营养、实现了同类物种的再繁殖之后，运动就会终止。我们以及野兽所拥有的与植物一样的这种力量也是如此。作为典型的与感觉相关的运动，非理性动物的运动源于感性形式和自然需求，并通过这种凭空生发而出的感觉，向着肉体需求的满足而前进。我们跟所有动物一样，都拥有这种本性。当然，需要明白的是，我们刚才所提到的这一切运动都是某种特定力量的产物，因为它们都力求朝着某个特定事物前进，而且在我们刚才所描述的那些目的中，运动达到了充足的休止，并完满而充分地满足了自然的需求。

关于心灵运动的五个问题

我们仍然需要探究人类心灵的运动:第一,心灵的运动是否力求通向某种目的;第二,心灵运动的目的是运动还是休止;第三,这种善(这是心灵运动所力求的)是特殊的,还是普遍的;第四,心灵是否足够强大以最终达到它所欲求的目的,即最高善;第五,当心灵达到完满的目的之后,是否还会失去它。

心灵的运动朝向一个特定的目的

如果其他事物并不是以一种愚昧且偶然的方式上下运动,而是被一个特定的理性秩序所指引,朝向最适合它们也独属于它们的那个目的,并在那里达到自身的完满,那么理所当然地,心灵[①]——它是智慧的容器,[②]它领会自然事物的秩序和目的,以理性的方式引导日常事物通向特定的目的,并比我们之

---

① "心灵"在这里被用作更宽泛的意义,意指理性灵魂,其成就高低是依据自我完善(perfection)和人们所熟知的知识三分法——神的知识(scientia divina)、自然知识(scientia naturalis)、人的知识(scientia humana)——来进行排列的。

② Spiae 应为 sapientiae(智慧)。

前所提到的一切事物都更加完满——,正如我所说,一定会在更大程度上被引向一个秩序所安排的目的,它在那里依据其最热切的欲求而达到自身的完满。正如(人类)生命的各个部分,[1]即各种思虑、选择和能力,都指向它们各自的目的(因为这其中的任意一个都朝向它自身的目的,或者说,它自身的善);故而,(人类)生命整体也以类似的方式朝向普遍目的和善。好,既然一切事物的部分都服务于整体,那么各部分之间固有的联系秩序也从属于它们与整体的联系秩序。[2] 此外,各个部分与其特定目的相联系的秩序也依赖于整体的某种共同秩序——这种秩序尤其有助于实现整体的共同目的。确实,如果不存在任何只为了自身利益而运动的运动者,那么我们可以合理地推测说,心灵之所以将其自身的任何(部分)引向它们适当的目的,仅仅是因为它们有助于心灵的共同目的和善。最后,谁的心灵会脆弱到相信心灵可以按照其本性或者按照某种设计而得以赋予各种丰富多彩的事物以与某事物相连的秩序,但自身却缺乏这种秩序呢?而且,终极的共同目的在各处都驱动着心灵之外的事物(因为对其他一切

---

① Singulae vitae partes(每一个部分)和 universa vita(生命整体),人类生命的各个部分和整体,被认为是灵魂的活动。

② 内在于部分之中的秩序是更低等的、不够完满的,它依赖于超越部分的整体的秩序。

事物的欲求都是为了最初的欲求)。因而,如果终极而共同的目的自身不存在了,其他的(目的)也会完全消失,这并不奇怪。同样地,如果建筑师没有预先设定一个建筑的完美形式,不同的工匠们永远无法执行种种符合整体规划的特定任务。而且,如果没有人首先掌握整个工程的共同目的,工匠们确实无法被引领到预先设定好的工作上。

心智运动的目的是休止而不是运动

如果心智运动的目的是运动本身,那么心智的运动当然是为了进一步运动,然后它又为了进一步运动而继续运动,如此持续下去,没有终点。由此可以看出,心智一直坚持自身的运动,它不会停止运动,从而也不会停止生存和认知。也许在一些柏拉图主义者看来,正是这种灵魂的持续运动使得灵魂一直处于运动之中,永存不灭。然而,我相信心灵知晓休止,在心灵的判断中,休止比变化更为优越,而且心灵在运动之外自然地期望休止,因此,心灵会期望,并会最终达到它的目的和善,那时,它会处于一种休止的状态,而不是运动的状态。对此,以下几点可以作为证明:休止中的心灵比运动中的心灵更富于进展;心灵所熟悉的对象是事物的永恒原因,而不是对物质的变动不居的激情;正如作为生命的独特力量和卓越之处的智性和意志[①]超越了运动事物的种种目的,并向着那些不变和永恒的事物前行,所以生命本身必然也超越了一切暂时的变化而通往它那处于永恒之中的目的和善;除非灵魂能在存在上超越运动的事物,不然,无论是通过理解还是意志,灵魂都永远不可能超越运动事物的界限;最后,运动永远是不完满的,它会一直朝着其他的事物奋进,但目的的本质——尤其是最高的目的的本质——首先又在于它的完满,以及它不会向着其他事物前进的特性。

心灵的对象和目的是普遍真理和善

现在,我们要提出一个问题:智性和意志的目的是某种特定的真理和善,还是普遍的真理和善?毫无疑问,其目的一定是普遍的,原因如下:心智掌握了关于哲学家们所称的存在、真理和善的某种完整

① Virtus(力量)。内在于特定实体的本质(essentia)或自然之中的活跃潜能。那么,适当的智性以及与之平行运作的意志构成了思考着的存在者的活动(operatio)或行动,而这种活动(operatio)一定与本质(essentia)相关。既然这样的活动(operatio)是内在的、返回自身的活动,那么它本身就包含了一个先于它的部分,那是外在的、朝向自身之外的活动,也就是费奇诺所称的 vita,即“生命”。这样,作为反思性行动的智性(intelligentia)就依赖于生命(vita),而这二者都最终依赖于本质(essentia)。

的概念，这种概念是完全理解一切存在或可能存在的事物的前提。逍遥学派[1]认为，那本身被称作存在、真理和善的事物，那包罗万象之物，是人类心智的共同目的，正如感觉的对象被称作"感性的"(sensible)，心智的对象也被称作"智性的"(intelligible)。智性之物由于其自身的完满而囊括一切。此外，心智在自然的促使之下理解存在的全部尺度；在它自身的概念中，它感知万物，在万物的概念中，它沉思自身；根据真理的概念而言，它认识一切，根据善的概念而言，它欲求一切。逍遥学派将这两者看作是"存在"，而柏拉图主义者则认为善比存在更加完满。不过，这个问题显然与我们正在讨论的问题无关，我们现在即将把"存在"、"真理"和"善"这三个概念当作同义词来使用(在对《斐力布篇》[Philebus]的评论中，我们对此问题已经进行过更加细致的讨论)。

第一个问题是，心智是否能清晰地理解存在所囊括的一切事物。它当然可以。心智将存在划分为十种最为普遍的类属，并将这十种类属按照等级划分为尽可能多的次级类属。然后，它将特定的最终种类排列到次级类属之中；最后，它将可谓是无穷无尽的单个事物以我们刚才所说的方式归入那些类属

---

① 译注：逍遥学派即亚里士多德学派，因亚里士多德经常与其弟子在学园附近的吕克昂神庙的林荫道上散步授课，故得此名。

之中。如果心智可以将存在自身当作一个明确的整体来理解，而且似乎可以按照等级将存在划分为更具体的部分，又反过来孜孜不倦地将这些成分与其他成分以及存在整体不断地进行比较，那么谁能说心智在本质上不具备掌握普遍存在的能力呢？当然，如果有什么东西能够看到整体本身的形式，又能从任何一个角度出发，看到整体的界限，看到整体用以延展自身的等级序列，那么它就可以理解包含于界限之内且处于中间位置的具体事物。由此，不言而喻的是，根据柏拉图主义者们的观点，既然心智可以在存在之上和存在之下设想出太一和善，那么在存在整体的宽广领域之中，心智又能怎样广阔地穿行啊！当然，接着"存在"(我们已经重复了许多次它的名字)这一概念而言，心智也能乐于思考与存在截然不同的事物，即"非存在"。如果心智可以从存在出发而前进到与存在相距无限远的事物，那么在这些位于存在中间位置的具体事物之中，心智又能怎样广阔地穿行啊！正是由于这个原因，亚里士多德说，就像作为最低级的自然事物的质料可以呈现一切物质形式，并由此而成为一切有形事物，那么，可以说，心智作为最低级的超自然事物和最高级的自然事物，可以呈现一切事物的精神形式，从而成为一切。以此方式，就存在和真理的概念而言，宇宙是心智的对象；类似地，就善的概念而言，宇宙是意志的对象。那么，如果心智不是根据其自身本质来描绘万物，并以此转变万物，又将万物纳入自身，它所追求的又能是什么呢？如果意志不是依据种种事物的本质而享有万物，并以此转变自身，又将自身融入万物，它所奋争的又是什么呢？前者努力以某种方式使宇宙变为心智；后者努力使意志成为宇宙。因此，在关于心智和意志这两个方面，灵魂的努力一定朝向（正如阿维森纳[1]的形而上学所说的）它的目的：灵魂会以它自己的方式而成为万物整体。因此，通过一种自然的直觉，我们可以看到，每个灵魂都在进行着持续不断的努力，通过心智来认识一切真理，通过意志来享有一切善的事物。

灵魂的起源和目的必然是无限的真理和善

有必要记住的是，我们所说的作为灵魂运动目的的宇宙是完全无限的。我们认为，每一个事物都有其独特而适当的目的，事物对其拥有一种特有的强烈欲求，好像这个目的是它的最高善一样；而且，为了这个目的，事物会渴望并去做其他所有事情；在这个目的之中，事物最终会完全休止，以至于使自然

---

① 译注：阿维森纳（Avicenna，980—1037 年），波斯哲学家、自然科学家、医学家。

和欲求的冲动也停止了。当然,我们的心智的自然状态在于,它应该去探求每个事物的原因,又转而探求原因背后的原因。由于这个原因,心智的探求永远不会停止,直到它找到了一个原因,在这个原因背后再没有其他原因,但其本身又是所有原因的原因。这个原因必然是无限的上帝。类似的是,只要我们相信在善的背后还存在着善,意志的欲求就不能被任何善所满足。因此,只有那个唯一的、背后没有其他善的善才能满足意志。除了无限的上帝之外,这个善还能是什么呢?只要显现出来的真理和善处于阶次中的某个位置,那么无论出现多少,你都会通过心智来探求更多,并通过意志来探求进一步的欲望。只有在无限的真理和善之中,你才可以得到休止,只有在无限中,你才能找到目的。那么,既然每个事物都在属于它的特殊起源中休止着,并从中得以自我产生并达到完满,既然我们的灵魂只能在无限中得到休止,那么它的独特起源就一定是无限本身。确实,我们应该把这称作“无限”和“永恒”本身,而不能称作“永恒的事物”和“无限的事物”。当然,与原因最为接近的结果也与原因最为相似。故而,理智的灵魂在某种方式上拥有了永恒和无限的卓越性。如果事实并非如此,灵魂永远不会独独倾向于无限。无疑,正是由于这个原因,在地球上没有人因为仅仅拥有尘世的财产就活得心满意足。

在某个时刻，灵魂会达到它欲求的目的和善

毫无疑问，理性的灵魂能够在某一时刻达到它完满的目的。如果那些本质上不够完满的事物在达到它们所欲求的目的时会达到自然的完满，那么作为最完满的事物、作为一切自然事物目的的灵魂，又会怎样更加完满啊！如果那些没有为自身或他者规定目的的事物会在某个时刻达到一个合适的目的，那么心灵——它寻求并发现自身的目的，而且还决定了许多事物的目的，预知了众多事物的目的，也看到万物的目的——会达到怎样更加伟大的目的啊！如果自然力量在最低级的事物中不是徒劳无用的，那么它在灵魂中也一定不是徒劳无用的，因为灵魂是如此伟大，它可以精准地度量每个最低级事物与最高级事物之间的显著差距。而且，只有灵魂能够达到某个特定的目的，才会自然地追随它，因为除了这种能够达到目的的动力，还有什么[①]动力能驱使灵魂朝着它（特定的目的）前进呢？况且，我们可以看到，当它（灵魂）在运动中热切地朝着特定的目的奋进时，它会取得很多进展；毫无疑问，只要灵魂凭

① quae 应为 qua（凭借……）。

借特定的力量而前进，它就会凭借同样的力量在某个时刻达到完满。最后，我们可以看到灵魂的缓慢运动是不断加速的，正如元素越接近它自然的目标时，移动速度也就越快。因此，心灵就像元素一样，永远不会从某一点徒劳地向着没有目的的方向前进，心灵最终会在某一个时刻达到它所欲求的、也专属于它的目的。

此外，在自然界和人类世界的事物和行为中都存在着特定的起源和目的。如果说有什么事物从某个开端持续向另一端上升，却没有一个（最初的）起源，那么这就与自然相悖，也与“起源”的合理性相悖。如果说有什么事物从某个终点开始持续向另一端下降，却没有一个（最终的）目的，那么这与“目的”的合理性相悖。一切行动都从最高的动因中获得起源。一切欲求都从最高的目的中获得起源。一切由于其他事物而获得了某种特性的事物都必然会与那个在本质上就贯注着这种特性的事物相联系。因此，如果在运动的两个方向上没有极点（即一个最初的起源和一个最后的目的），就绝对不会有任何行动的开始，也没有任何欲求会被激发起来。最后，由于任何运动者都为了其自身的利益而运动，那么最高的运动者也就是最高的目的之所在。事物的一切秩序都是如此。无疑，宇宙的秩序也是如此。

在上述关于心灵的论点之外，我们最好再扩展一下。如果有人问我们，心智和感觉，智性之物和感性之物，哪一个更加完满？我们许诺立即给他答案，只要他先回答下面这个问题。提问的朋友啊，要知道，在你自身之中有一种力量，它可以获得这些事物的概念——我是说，关于心智自身与感觉、智性之物与感性之物的概念。这是显而易见的，因为这种力量能够比较这些事物之间的不同，那么它一定能够在那时以某种方式看到这些事物。那么，告诉我，这种力量属于心智还是属于感觉呢？恳请你毫不犹豫地告诉我，这样我才能够通过你的回答来快速地解答你刚才提出的问题。好，我听到你这样回答：这种力量不属于感觉。我们无疑一直都在十分积极地使用感觉。那么，如果感觉能够察觉到自身和这些其他的事物，所有人——或者至少是大多数人——都会轻易且清楚地知晓察觉和认知的力量，知晓智性之物和感性之物。然而，知晓这一切的人在数量上是十分稀少的，而且这少数人确实是通过努力，通过在心智中进行的漫长且艰难的逻辑推理才获得了这种知识，所以可以肯定的是，感觉并没有认识自身、心智以及心智的对象的能力。的确，感觉没有这种能力，这一切都留待心智去认知。而且，那种热切地探寻心智和感觉的力量，与那种通过推论来发现这些的力量，以及那种通过理性来判断它们哪个更完满的力量，是同一种力量。因为这种力量通过推理来进行探求,为其自身的每一个决定都赋予了一种原因,所以它是理性,而不是感觉。因此,只有心智才能认识万物。

对于你一开始提出的那个问题,我在此作如下回答。心智至少在这一点上比感觉更加完满:与感觉相比,心智的力量在其自身的行动中可以得到更广泛、更完美的延展。正如你自己所展示出的那样,感觉既不能察觉自身,也不能察觉心智及心智的对象;然而,心智知晓这一切。而且,心智还拥有另一种完满。当心智依据完满程度将自身、感觉和其他事物连续进行比较时,它自身无疑拥有完满的最高形式,可以说,就像在它眼前一样;通过将每个事物拉近这个完满形式,心智将距离完满形式最近的事物评价为最完满的。如果心智可以借此触及完满的最高形式,它无疑会这样做,因为心智与完满之间具有一种最紧密的亲缘关系。因此,心智不仅比感觉更加完满,它还通过达到完满而处于最高程度的完满状态。此外,我还看到了心智的第三种完满。既然心智可以向内探求自身、评价自身,那么它一定会在其自身之中得到反映。而且,具有这种特点(可以在自身之中得到反映)的事物在其自身中得以存在和持续。再者,它是完全无形而十分纯粹的。最后,既然它进行着从自身出发又回到自身的循环运动,那么它就可以永远运动下去,也就是说,它可以永远行动和存在。不言而喻的是,似乎心智愈完满,就愈为更少数人所特有,人们对心智的完美运用也愈发在生命后期才出现,出现的次数也愈少。的确,这似乎是一个目的,只有在一系列植物性的[①]力量和感觉被加以锻炼之后,它才能被赋予(给我们)。心智赋予感觉以指导和法则,并为之规定了一个目的。当心智进行论证和沉思时,它根据自由选择来指导自身的运动。然而,当理性不再起抵制作用时,感觉总是被自然直觉所引导。毋庸置疑,当理性作选择时,它所依据的方式与感觉和肉体的需求完全不同,因为理性显然在选择之初就不依赖于肉体。若非如此,选择的目的应该会一直顾及肉体。从这一点可以看出,理性在其自身的运动中绝对不会受制于肉体性的事物,因为在它推论的过程中,它超越了肉体性的事物;在它的沉思中,它将自身向着丰富多彩、截然不同的万物而延展;在它的选择中,它会经常拒绝向肉体偏斜。因此,我们可以说,心智很少受制于任何有形的实体,它在本质和存在上均是如此。而且,随着年龄增长,感觉会以某种方式变得迟滞,但

---

① 译注:此处费奇诺似沿用了亚里士多德的灵魂学说。亚氏认为,植物拥有“植物性灵魂”,其作用是摄取营养和繁殖。动物除了拥有“植物性灵魂”之外,还拥有“动物性灵魂”,其作用是感觉和运动。人类除了拥有“植物性灵魂”和“动物性灵魂”之外,还拥有“思想性灵魂”,用于思维、推理、判断等。

心智绝对不会迟滞。不过，如果心智过度地专注于对肉体的关心和培育，它就会从沉思的意图中偏离。再者，当感觉的对象十分激烈时，它会立刻伤害感觉，以至于当激烈的对象出现后，[①]感觉不能够立刻感知更微弱的对象。因此，极度的明亮会侵害眼睛，吵闹的噪音会侵害耳朵。但是，心灵却不会如此；对于最为卓越的对象，心灵也不会被损害或迷惑。不仅如此，甚至在心灵的对象被知晓后，心灵也可以立即更清楚、更真切地分辨低级的事物。这意味着心灵的本质是极其精神性也极其优越的。而且，感觉只限于有形的对象；心智在其自身深处的行动中将自己从一切有形事物中解放出来，并看到在心灵的本质和存在中，它自身还没有被湮没。它将物质形式与物质的激情分离开来，也将物质形式与那些本质上完全无形的事物分离开来。无疑，它自身也与物质的激情以及与物质形式的状态相分离。再者，感觉只能被特定的对象满足，但心智所熟悉的对象是万物的普遍而永恒的原因。除非心智以某种独特的形式与它们类似，否则它永远不会熟悉它们。通过这种方式，心智表明了它自身是绝对而永恒的。

最后，我们之所以这样说，尤其是因为它（心智）通过它自身制定并接受的特定类属而知晓了这些原

① obscursum 应为 occursum（遇到）。

理。这些原理一定不会受到物质的激情的影响，不然它们就无法引向那些原理和观点。而且，除非心智自身也摆脱了物质的激情的影响，否则它永远不会创造这样一些类属，也不会以这样的方式接受它们。

与感觉相比，心灵能更好地达到它欲求的目的

理性无疑是我们所特有的。上帝并没有将它赋予给野兽，不然祂本应给予[①]它们话语，话语可以说是理性的信使。（祂也本应赋予它们）双手，那是理性的仆从和工具。（如果野兽拥有理性）我们本应从它们之中看到审慎思虑和多才多艺的迹象。相反，我们现在所能观察到的是，它们只有在被一种自然冲动所驱动向着一种自然的必然性而前进之时才会行动。因此，所有蜘蛛织网的方式都是类似的；它们既不学习织网，也不会通过练习织网而变得更加娴熟，无论多长时间都是如此。最后，如果野兽拥有理性，那么在它们之中本应出现显而易见的、有关宗教的明确暗示和作品。当心智在场之时——可以说，它是一种仰望智性之光的眼睛——上帝所照耀的智

① dedisse 应为 dedisset（被给予）。

性之光也在场,而且会得到尊敬、爱戴与崇拜。

因为心智比感觉更加完满,所以人类比野兽更加完满。人之所以是更完满的,正是由于人类拥有一种不为野兽所分享的特质。因此,仅仅凭借智性,就可认为人是更加完满的,更是由于智性的作用,人可以通过爱、思考和崇敬来接近那无限的完满——上帝。再者,每种事物所独有的完满在于达到适当的目的。事物内在的完满越丰盈,这种目的的达到就越容易、越充足;因为形式的完满从一开始就是内在的,根据自然秩序,它在某一处越强大,它在那里所达到的终极的完满就越容易、越充足,也伴随着更大的快乐,因为后者(终极的完满)服从前者(形式的完满),但终极的完满的获得并不是由于这种服从。我们从这一点可以得出结论:与感觉相比,理性可以更容易地达到它所期望的、适当的目的;与野兽相比,人可以更容易地达到它所期望的、适当的目的。

处于肉体凡躯之中的不灭灵魂永远是悲惨的

通过经验可以得知,我们心中的“野兽”,即感觉,最常达到它的目的和善。事实上,确实如此,例如,就感觉与其自身的关系而言,感觉可以通过达到适当的目的来达成完全的满足。然而,通过经验可知，我们心中的“人”，即理性，无法达到它欲求的目的。正相反的是，当肉体处于极度快乐之时，感觉自身可以获得最大的满足，但理性依然在激烈地躁动，并且扰动感觉。如果理性选择去遵循感觉，它就会一直推测某种东西，创造新的快乐，并一直寻求更进一步的东西——我不知道这东西是什么。另一方面，如果理性努力地抗拒感觉，它就会使生命变得艰苦。因此，在这两种情况中，理性不仅不快乐，还会彻底干扰感觉自身的快乐。然而，如果理性驯服了感觉，并可以将注意力集中到自身之中，那么它就会受到自然的驱动而热切地寻求万物的原因和结果。在寻求过程中，理性会常常发现它不想要的东西，也常常找不到它想要的东西，或者，理性有时不能完全理解它自身的欲求和能力。的确，理性永远是不定的，它一直处于动荡和忧虑之中。由于理性遭受这种处境，它无处安歇，所以永远无法得到它所欲求的目的，也不会允许感觉去达到那些已经出现的、适合它的目的。

由于理性，人在所有动物中是最完满的，不仅如此，人在天堂之下的万物中也是最完满的；人类初始被赋予的这种形式上的完满是为了最终的完满。但就此而言，我们无法想象，还有什么比以下观点更不合理，即认为正是由于理性，人在万物中所能达成的最终的完满竟是最不完满的。这好像就是那个最不幸的普罗米修斯。按照帕拉斯的神圣智慧的指示，他得到了天火，也就是理性。正是因为他拥有了天火（理性），在最高的山巅之上，亦即在沉思的顶点之上，他被公断为万物中最悲惨的存在，因为他可怜地遭受着极度饥饿的秃鹫的持续啮咬——亦即求知欲的折磨。这种状况会一直持续下去，直到他被带回获取天火之地，由于他现在努力通过一束天光而寻求天堂之光的全貌，到了那时，他就会得到全部天堂之光的完全贯注。

处于自然状态之外的人追求快乐的过程越艰辛，当他恢复到自然状态时，就越容易获得快乐

关于人类寻求快乐的能力，我们之前给出了几个原因，根据特定的自然秩序，这些原因本身似乎就能直截了当地体现真理。那为什么在我们的努力途中有那么多困难——正如经验教给我们的那样——以至于我们好像在沿着山的陡峭斜坡向上推动着西西弗斯的巨石？这有什么奇怪的呢？我们追寻奥林匹斯山的至高顶点。我们栖于最低深的峡谷的最底处。我们被一个最恼人的肉体的重担压弯了身躯。当我们朝着陡峭的地方气喘吁吁地前进时，由于肉体本身的负担以及两边突悬出的石块，我们常常向

后滑去，几乎要突然从悬崖掉落。而且，一方面，极尽多数的危险和阻碍耽搁了我们，另一方面，途中出现的一些草甸所带来的有害的自满情绪也耽搁了我们。啊！所以在崇高的故园之外，我们这些不快乐的人被局限在最低处，这里所出现的一切都无比困难，这里所发生的一切都可悲可叹。

那么，我们该如何回应这种矛盾呢？它一方面许诺给我们最大的安逸；但另一方面，经验也展现出同等程度的最大的困难。只有摩西的律法能够为我们解决这个冲突。的确，我们已经处于第一自然的秩序之外，而且——啊，真痛苦啊！——我们的生存和受难都违背了自然秩序。第一个人起初虔诚地信仰上帝，他在此时越容易获得快乐，随后背叛上帝时也就越容易失去这种安逸。因此，如果第一位人父的那处于自然秩序之外的全部后裔得以恢复自然秩序，那么他们在获得幸福时所遭受的困难越大，他们所获得的安逸也就越大。

哲学家们对此是怎么说的呢？当然，作为琐罗亚斯德(Zoroaster)[①]和欧斯塔尼斯(Hostanes)[②]信

① 译注：琐罗亚斯德，古伊朗先知，出生日期不详，约为公元前7至前6世纪。琐罗亚斯德是巫术以及巫术师(Magi)的始祖，其教学后发展为拜火教(Zoroastrianism，又名琐罗亚斯德教)。

② 译注：欧斯塔尼斯，约为公元前4世纪的古波斯巫术师(Magus)，与琐罗亚斯德一脉相承。

徒的麦琪(Magi)[1]有类似的主张。他们说,由于人类心灵患了某种古老的疾病,一切不健康的、困难的事情会降临到我们身上;但是,如果有人能够将灵魂恢复到疾病之前的状态,那么一切就会立即重归秩序。毕达哥拉斯主义者和柏拉图主义者们都没有反对这个观点。他们说,灵魂显然在感觉世界中遭受了众多疾患的折磨,因为对感官之善的过度欲求使灵魂遭受诱惑,它就轻率地丢弃了心智世界的善。逍遥学派可能会说,与野兽相比,人们更会远离适当的目的,因为他是被自由意志驱动的。由于这个原因,当人在深思熟虑中运用各种推测时,他会随之偏向这一边,或者偏向那一边。相反,非理性的动物不被自身意志所引导,而是朝着自然天意所规定的那个适合它的目的前进,它永远不会偏离,就像箭指向它的目标一样。然而,既然我们的错误和对使命的违背并不是出于自然的缺陷,而是由于理性产生的意见多种多样、由于我们从决心的正途中偏离,那么它们绝不可能毁灭自然的力量,反而会使意志陷入混乱。正如一个元素即便处于它所属的位置之外,它的力量和自然倾向会偏向它所属的自然位置,这

---

① 译注:麦琪(Magi)是“巫术师(Magus)”一词的复数,指巫术师、魔术师。亦指《新约·马太福音》中,圣婴基督出生后,来自东方送礼的三贤人。

是保存在它的本质之中的,这种偏向能够使它在某个时间回到它所属的区域;所以,逍遥学派认为,即使人们从正确的道路上偏离了,他仍然具备那种会使他首先回归正路、随后导向目的的自然力量。

最后,神学家们通过最精确的调查研究,对整个问题作了如下简要概括。对于运动之力的倾向,比对于任何运动的倾向都更强烈。既然灵魂的倾向明确地指向无限,那么它无疑也仅仅依靠无限。相反,如果灵魂的倾向直接产生于一些有限的原因,它们在上帝之外驱动着灵魂,那么灵魂也会在类似的程度上指向一个有限的目的。原因在于,无论运动之力在无限的始点处是多么的无限,它在随后而来的有限的原因中也会变得有限。运动遵循的是最直接的特性,而不是遥远的运动之力。因此,将灵魂引向无限的运动者正是无限之力本身。这种力量与意志的自由本性相和谐,它以一种最自由的方式驱动心灵向着即将选择的道路而前进;它与作为运动原因的无限之力相和谐,它敦促心灵朝向欲求的目的,这种敦促强烈到使心灵在达到目的后依然不会停止奋进。如果这种运动无法达到它所朝向的目的,那么显然也没有其他运动能做到这一点了。在无限之力所活跃的地方,无限的智慧和善统治一切。而且,这种力量永远不会徒劳地推动事物进行运动,也不会否定任何事物所能得到和应该得到的善。就此而言，既然与野兽相比，人一方面由于使用理性和沉思而更接近那些神佑的天使，另一方面又由于崇敬神圣而距离上帝——幸福的源泉——更近，所以人必然会在某时得到福报，这种福报远超人在达到他欲求的目的时所得到的幸福。这之所以是必然的，是因为人与天上的存在越相似——无论是由于意志的热情，还是智性的光辉——那么人的生命的幸福程度也同样与他们的更相似，因为思想及意志的力量与卓越源于生命的力量。

现在，可以说，处于肉体之中的灵魂确实是更加悲惨的，这不单单由于肉体本身的疲弱、易于动摇以及它对于万物的渴望，还由于心灵持续不断的焦虑不安；因此，天上的不朽灵魂在不断追寻快乐的过程中越费力，那么当它落入一个不节制而易损的肉体凡躯并又从中解脱，或者当它进入一个节制而不朽的天上的躯体时，它也就越容易获得快乐，而且自然目的本身似乎只存在于自然状态之中。永恒的灵魂似乎是最自然的，它的状态应是继续寄居于它那变得不朽的肉体中。因此，通过必要的推理可知，灵魂的不朽与光辉也必定在某一刻大放光芒，于肉体之中闪耀，只有这样，人类的最高幸福才真正达到完满。当然，先知和神学家们所总结的这个信条也为波斯智者、炼金术士以及柏拉图主义哲学家们所确认。

心灵永远不会失去它所得到的幸福

当灵魂真正达到无限的目的时,它当然会永远拥有它,因为灵魂就是以类似的方式被它(这个目的)所影响、拖行、引导并最终达到了它。如果灵魂能够在某一刻从一个与无限相距无穷遥远的有限状况中再次升起并达到无限,那么它自身当然可以一直稳定地处于无限之中。必然如此,因为正是这种无限之力将灵魂从远处引向它自身,并在灵魂接近时以一种难以形容的力量将其紧紧地拥入自身之中。最后,在无限的善中,我们无法想象恶的存在,而且在这里,我们能够想象或渴望的任何善都应有尽有。因此,在那里有(我们可以找到)永恒的生命和知识的最灿烂光辉,它们持久不变地处于休止之中,这是一种摆脱了缺失的积极状态,宁静而确然地拥有一切善,到处都充满了完美的快乐。

译后记:意大利文艺复兴哲学家的三种面相

本书由意大利文艺复兴时期的三位人文主义者彭波那齐(Pietro Pomponazzi,1462—1525年)的《论灵魂不朽》、瓦拉(Lorenzo Valla,约1406—1457年)的《关于自由意志的对话》以及费奇诺(Marsilio Ficino,1433—1499年)的《关于心灵的五个问题》三部分组成。

在克里斯特勒(Paul Oskar Kristeller)的《意大利文艺复兴时期的八个哲学家》(1964)一书里,这三位哲学家都名列其中。瓦拉和彼特拉克一同被归为人文主义者,费奇诺和皮科则是柏拉图主义者,彭波那齐的思想是亚里士多德主义,而自然哲学流派中有特勒肖、帕特里齐和布鲁诺。流派的划分并不意味着各自为政,事实上,在中世纪与近代早期之交的地平线上,这三位人文主义者递相以自己的视域开启了意大利乃至整个欧洲的人文主义思潮。以亚里士多德为例,瓦拉在《重耕辩证法与哲学》(*Repastinatio dialectice et philosophie*,1439)[①]中就以批判中世纪亚里士多德经院哲学的基础为开端,从修辞等角度重新转化了亚里士多德的辩证法。费奇诺从学习和教授亚里士多德哲学开始他的哲学事业,但随后转向了柏拉图主义,翻译了柏拉图的著作,并历经12年创作了皇皇巨著《柏拉图神学》(1482),从而成为佛罗伦萨柏拉图主义的执牛耳者。彭波那齐则坚守亚里士多德,兼收并蓄诸如中世纪阿奎那和阿威罗伊式的亚里士多德主义,讲述了一种颇具斯多葛风格的亚里士多德灵魂理论。三者在自然哲学、道德哲学、形而上学等领域多有交叉意见。通过瓦拉、费奇诺、彭波那齐的灵魂理论为切入点,或许亦能展现意大利文艺复兴时期哲学的三种差异的面相及其背后共通的人文主义新兴意识。

灵魂与自由意志问题,是文艺复兴人文主义的核心议题之一。"心灵"(*nous*)是"灵魂"(*anima*,ψυχή)的一部分,按亚里士多德的说法,这一部分就是理性灵魂,亦即"灵魂用来进行思维和判断的部分"(《论灵魂》429a21—24)。[②] 而灵魂是否不朽,端

① 瓦拉本人后来对他的这部著作的引述也有不同的用法,如"Opus dialectice et philosophie"、"De institutione dialectica ac philosophica"、"De vera philosophia"、"Dialectice",以及"De libris philosophie"。

② 中译参见苗力田编,《亚里士多德全集》(第三卷),秦典华译,中国人民大学出版社,1992年,第75页。

赖于此。且灵魂的高贵性乃至于理智的基本条件，也在乎于是否拥有自由意志。这一论域上承中世纪神学与经院哲学遗产，充分发扬的人的价值、个体自由和尊严；下启现代哲学之滥觞，为认识论转型和主体性哲学的兴起奠定了基础，始终为后世哲学家们争论不休。后世斯宾诺莎便以理智的“上限”为论点，否定人有自由意志；而康德则区分自由规律和自然规律，反过来认为自由意志为“绝对律令”，呼吁人是目的、人是自己的律法者，成为自由人也就是去践行“应当”(*Sollen*)。亚里士多德认为心灵或者说理智能力自身能够思维自身(《论灵魂》429b10)，这就带来了瓦拉、费奇诺、彭波那齐不同看法下的三种不同选择，在此之中，柏拉图与亚里士多德之争、哲学与宗教之争、哲学与修辞之争等文艺复兴时期的焦点议题都有所体现。

在意大利人文主义者中，瓦拉以具有独创性和批判精神著称，他对亚里士多德的批判和吸收可谓是全方位的。在《重耕辩证法与哲学》中，瓦拉在第一部分解-建构了亚里士多德的形而上学，包括自然哲学和道德哲学，第二部分和第三部分则讨论了亚里士多德哲学的一些命题和论证形式，如三段论等。就亚里士多德的灵魂学说而言，瓦拉的主要信念在于认为灵魂的高贵性是亚里士多德的形质论阐释所无法概括的，至少瓦拉本人是这么理解亚里士多德的阐释的。[1] 瓦拉由此强调了灵魂的尊贵性质，如其不朽性、统一性、人类灵魂相对于身体和动物灵魂的优越性等等，但他同时认为动物也具有理智灵魂，即具有记忆、理性和意志，这也是他批判亚里士多德的一个要点。他认为人类灵魂比动物灵魂的高贵之处在于，上帝创造的人类灵魂是不朽的，也就是说，在一个人死后依然持存。

作为西方修辞学传统的一个组成部分，人文主义者往往带着对古典作家的浓厚兴趣而进入人文研究领域，瓦拉正是这一方面的典型代表。就灵魂理论而言，瓦拉对动物灵魂的说法并非出于对动物的爱，而是要将亚里士多德置于瓦拉本人所钟爱的权威昆体良与西塞罗的对立面。[2] 除了援引昆体良和西塞罗之外，瓦拉非常现代性地从词源角度来分析动物灵魂和人类灵魂的同一与差异。瓦拉认为，“逻各斯”(logos, λόγος)一词具有多义性，这导致了后来哲学家误以为“ἄλόγα”意指“无理性”而非“无言辞”，瓦拉提到“λόγος”是来源于“λέγω”(我说)(70：22—71：19)。[3]

---

① Lodi Nauta, *In Defense of Common Sense: Lorenzo Valla's Humanist Critique of Scholastic Philosophy*, Cambridge, MA: Harvard University Press, 2009, p. 130.

② 作为修辞学家的瓦拉在《论拉丁语的优雅》(*De Elegantiae Linguae Latinae*, 1435—1444)一书中将昆体良的地位置于了西塞罗之上。

③ Lorenzo Valla, *Repastinatio dialectice et philosophie*, G. Zippel (ed.), 2 Vols., Padua: Antenore, 1982.

他进而联系到了拉丁词“*ratio*”，但并非像是希腊语中的“说”或“言辞”，而是“意见”或“以为”（deeming）。瓦拉认为“*ratio*”来源于“*reor*”的动名词，亦即“坚持认为”。故而，“*rata res*”是“坚决的”，我们会说星体的稳固不变的轨道（*rati cursus*），我们“以为”怎样的“以为”也或许来自于“*res*”。由此，瓦拉极具原创性地用“*oratio*”替换了“*ratio*”，词与物的关联就是语言与真理的关系，概念和客体的形而上学关联被排除在外。在上述意义上，瓦拉用说谈能力（*sermocinatis*）代替了述谓的理性能力（*rationalis*），以此区分人和动物，他也坚持认为，哲学应在语言和修辞学的统帅之下来探讨真理，这其中既有对修辞学的复兴苗头，又有了前海德格尔的味道。

其实，瓦拉在其他地方并没有都这么大胆地发挥这一条从伊索克拉底到昆体良的修辞解释路线，他常常满足于人是理性动物的定义。《论自由意志》一文，便常被历史学家看作是文艺复兴时期从世俗与理性的立场讨论自由意志问题的代表性篇章。文中以安东尼奥试图用左右脚迈步的故事为例，通过逻辑上的无穷倒退来证明自由意志与上帝预知之间的不可共存性。然而，在瓦拉的论证中，上帝是在先验层面上比理性逻辑更高一层的最终因，由此得出人的行为最终为上帝意旨所前定的结论。不可否认的是，瓦拉的论证仍然无法解释自由意志所导致的罪恶与上帝的全知全善之间的本质冲突,但他认为这一问题的答案超出人类理性的界限,唯有交由无条件的虔敬信仰来解决,由此,瓦拉强调了哲学与宗教不可调和的特性。虽然瓦拉将自由意志交予上帝意旨所支配,但为了免除上帝预知对人类行为所担负的道义上的责任,瓦拉将意志与行动相分离,将可能性与现实性相分离,还借希腊神话为喻来说明神的预知与实现是互相分离的权柄,由此说明"上帝所预知的事情未必会在现实发生",可能性的实现并非出于上帝所规定的必然性,而有赖于人的秉性或自由自愿的选择,这也为人在主客观统一意义上的责任伦理留下了阐释的空间——后世的莱布尼茨对瓦拉文中故事的续写便是这一思路的扩展。需要引起我们反思的是,瓦拉的自由意志观念,与后世哲学家对自由与必然性的探讨,是否存在某种历史性的承续?瓦拉的立场在神义论的理论脉络中占据怎样的位置?这些疑问或可留待有兴趣的读者自己研究与体会。

彭波那齐本属意大利亚里士多德主义的漫长传统,而就在意大利文艺复兴时期的人文主义兴盛之际,彭波那齐不仅发声反对15世纪的柏拉图主义,更在亚里士多德主义内部掀起了反击风暴,一反在亚里士多德主义中居主流地位的阿威罗伊主义与托马斯主义。在《论灵魂不朽》中,彭波那齐力求在自然限度内讨论灵魂问题，而非一味地根据神学教条来解释自然现象，与费奇诺类似，彭波那齐将灵魂设定为在永恒与现世、不朽与有朽之间的一个中项，以此探讨灵魂不朽命题在自然法则和神启中的有效性，并在行文中依次分析批驳柏拉图、阿威罗伊、阿奎那等人的灵魂观，最终得出灵魂是无条件绝对可朽、有条件相对不朽的结论。彭波那齐认为，亚里士多德的真正主张乃是灵魂在信仰上不朽，但理性却无法证明这一点。幸福完美的生活有赖于实践而非理论理性，美德的奖赏就是美德自身，来世的报偿究竟如何，对人来说并不重要，灵魂应当在现世践行美德。这样的说法对于已经被现代哲学所浸润的读者而言或许并不觉得新奇，但斯宾诺莎与康德者隐秘的源泉却正是从此而来，岂不妙哉。彭波那齐的论证方式极有经院气息，也和斯宾诺莎与康德一起共享了亚里士多德传统以降的哲学论文风格，展现了哲学是“难的”的一种面相。

费奇诺在中国的命运相比瓦拉和彭波那齐要来得更为幸运，至少暂时说来。因为国内学者梁中和及其望江学园正致力于专门研读柏拉图主义，而费奇诺在柏拉图主义中的位置又极为重要（他们译之为“斐奇诺”）。费奇诺力图在基督教语境中对柏拉图的形而上学进行解读与阐释，并将其与早期教父传统和经院哲学相融合,以达成他所期望的“虔敬哲学”(*pia philosophia*)。[①] 费奇诺意义上的灵魂学说是柏拉图(主义)神学式的“灵魂不朽”,对灵魂论题的论证首先依赖于对于本体论意义上的形而上学的刻画,他将宇宙中不同的存在从上而下列次构成不同的五个等级,理性灵魂则属于第三等,处于中间位置,向下支配着性质和物质,向上则分有神圣世界乃至上帝的不朽。上帝作为存在整体这一类属最完满和纯洁的“类属之首”(*primum in aliquo genere*),代表了最高的真理与善,是一切自然事物的欲求与整体运动的目的。灵魂在存在之等次中所处的“中项”位置使人类在宇宙体系中居于万物联结的中心,这一地位使灵魂具有某种独特的性质,它一方面通过“向下”的支配而被感觉所掣肘,另一方面通过“向上”的分有而拥有理性能力,并通过理性沉思不断接近并最终到达它预先被上帝所赋予的潜在完满形式。因而,相比于其他人文主义者,费奇诺的灵魂学说多了一分“爱”与“沉思”的色彩,少了一分对于古典伦理学领域的实践与美德的关注。在中世纪与文艺复兴的历史转型时期,费奇诺这种对形而上学建构的超乎寻常的关注很

---

① 吴天岳,《哲学中的人文主义传统?——文艺复兴人文主义的哲学史反思》,《外国哲学》第35辑,2018年。

大程度上出自他想将柏拉图主义在基督教领域神学化、正统化的意图，但是从思想史本身的角度上，也使得他在人文主义者中成为面对海德格尔“存在的遗忘”之诘问时的首当其冲者。在行文风格上，费奇诺缺乏足够的逻辑辩护，相较于彭波那齐更多呈现出人文主义的修辞特征，二者呈现出人文主义与经院主义在意大利文艺复兴时期的并兴。此外，就笔者阅读和研究看来，费奇诺在对亚里士多德灵魂学说的判断中有一个准则，因为相比谈论柏拉图，他很少直接谈及亚里士多德，他谈亚里士多德的一个“潜规则”就是与柏拉图对应和相符的地方畅谈之，而与柏拉图不和之处则闭口不言。这岂不是柏-亚对抗传统下的一个很有趣的现象？

本书第一篇译文为陆浩斌翻译，后两篇为周琦翻译。笔者对该译本中可能重复出现的译注进行了保留，以方便专门只阅读其中某篇文章的读者理解，当然，在保留了两位译者译注风格的对比的同时将译名进行了统一与审校。书名取为《灵魂与自由意志》，乃是被动与主动兼并的效果历史，相信阅读了原文与译解的朋友们会有各自的体会与理解。对意大利文艺复兴的探索之路真是其乐无穷，译文的促成与出版过程中，要特别感谢张沛教授、施美均师妹、倪为国老师、高建红女士、徐海晴编辑，还有何飘飘的支持与帮助。几篇译文均最初完稿于 2018 年左右，虽几易其稿，然译者见识水平有限，难免有疏漏粗糙之处，敬请各位读者斧正。

借斯宾诺莎的一句话来说：*Sed omnia praeclara tam difficilia, quam rara sunt*（凡高尚而卓绝者，皆难能而稀贵也）。

陆浩斌、周琦

2021年3月8日

人名对照表

（按中文拼音排序）

A.

阿布巴卡尔(Abubacher)
阿本拉吉，哈里（Haly Ebenragel）
阿尔法拉比(Alpharabius)
阿尔刻提斯(Alcestis)
阿尔曼(Almanni)
阿芬巴塞(Avempace)
埃吉罗波洛斯(Argyropolus)
阿凯德莫斯(Archedemo)
阿奎那，托马斯(Thomas Aquinas)
阿基利尼，亚历山大(Alexander Achillini)
阿那克萨戈拉(Anaxagoram)
安波罗修(Ambrosius)
安提马科斯(Antimachus)
奥古斯丁(Augustin)
奥利金(Origenes)
奥维德(Ovid)
阿威罗伊(Averroes)
阿维森纳(Avicenna)

B.

巴尔巴罗，埃尔莫罗(Ermolao Barbaro)
保罗(Paul)
巴罗奇，卢西亚诺(Luciano Barozzi)
巴西流(Basilius)
贝萨里翁(Bessarion)
本博(Cardinal Bembo)
毕达哥拉斯(Pytagoram)

彼勒(idolo Bel)
波爱修斯(Boethius)
波菲利(Porphyry)
波塞多纽(Posidonius stoicus)
柏拉图(Plato)
布鲁尼(Bruni)

D.

代达罗斯(Daedalus)
德谟克利特(Democriti)
狄奥戈拉斯(Diogoras)
狄奥尼索斯(Dionysium)
狄奥尼修斯(Dionysius the Areopagite)
狄奥尼修斯(beatus Dionisius)

F.

范尼乌斯，盖乌斯(Gaius Fannius)
费奇诺(Fecino)
菲忧,德(De Vio)
弗拉坎切阿诺,安东尼奥(Antonio Fracanciano)

G.

盖塔诺(Cardinal Gaetano)
格拉莱,安东尼奥(Antonio Glarea)
格列高利(Gregorium Nazianzienum)
格列高利(Gregorius Nicenus)

H.

赫拉克利特(Eracliti)
胡腾，乌尔里希・冯(Ulrich von Hutten)

J.

加尔文(Calvin)
加图(Cato)
加西亚(Garsia)

K.

康达里尼(Contarini)
卡耶坦(Cajetan of Thiene)

L.

莱布尼茨(Lebniz)
拉尔修(Laertius)
莱里达大主教(Bishop of Lerida)
利百加(Rebecca)
列奥十世(Leo X)
李维(Livy)
洛伦佐(San Lorenzo)
路德(Luther)
卢克莱修(Lucretius)
卢卡努斯(Lucanus)

M.

麦琪(Magi)
马西略(Marsilio of Padua)
美第奇,科西莫·德(Cosimo de' Medici)
密涅瓦(Minerva)
摩尼(Manichaeus)

N.

纳尔德奥,弗朗切斯科·迪(Francesco di Nardò or de Neritone)
纳塔利斯,希罗尼穆斯(Frater Hieronymus Natalis of Ragusa)
尼布尔(Reinhold Niebuhr)
尼福(Nifo)

O.

欧斯塔尼斯(Hostanes)

P.

帕拉斯(Pallas),即雅典娜
潘菲利亚(Pamphilo)
彭波那齐(Pietro Pomponazzi of Mantua)
珀涅罗珀(Penelope)
普林尼(Plinius Secundus)
普罗克洛斯(Proclus)
普鲁塔克(Plutarch)

S.

萨丹那帕露斯(Sardanapalus)

塞内加(Seneca)
司各特，约翰(Ioannes Scotus)
斯凯沃拉，昆图斯(Quintus Scaevola)
琐罗亚斯德(Zoroaster)
苏埃托尼乌斯(Suetonius Tranquillus)

T.

塔克文(Tarquin)
忒弥修斯(Themistius)
提丰(Typhoeus)
图利乌斯，马库斯(Marcus Tullius)，即西塞罗
托马乌斯，列奥尼库斯(Leonicus Thomaeus)

W.

瓦拉，洛伦佐(Lorenzo Valla)
维尔尼亚，克莱托(Nicolettus Vernias)
维吉尔(Virgil)
威克利夫(John Wyclif)

X.

西蒙尼德斯(Simonides)
希热(Siger de Brabant)
西塞罗(Cicero)

Y.

亚大纳西(Athanasii)
雅典诺多洛斯(Athenodorum)
亚历山大(Alexander of Aphrodisias)
亚里士多德(Aristotle)
亚里斯提卜(Aristippus)
伊壁鸠鲁(Epicurus)
伊拉斯谟(Erasmus)
以撒(Isaac)
尤里普斯(Euripus)
约翰(John of Jandun)

Z.

扎巴瑞拉(Zabarella)
哲罗姆(Jerome)
朱庇特(Jupiter 或 Jove)

图书在版编目(CIP)数据

灵魂与自由意志/(意)彭波那齐,(意)瓦拉,(意)费奇诺著;陆浩斌,周琦译.--上海:华东师范大学出版社,2023

ISBN 978-7-5760-3726-5

Ⅰ.①灵… Ⅱ.①彭… ②瓦…③费… ④陆… ⑤周…Ⅲ.①自由意志—研究 Ⅳ.①B82-02

中国国家版本馆 CIP 数据核字(2023)第 040147 号

华东师范大学出版社六点分社

企划人 倪为国

快与慢

灵魂与自由意志

著　　者　(意)彭波那齐　(意)瓦拉　(意)费奇诺
译　　者　陆浩斌　周　琦
责任编辑　徐海晴
责任校对　王　旭
封面设计　姚　荣

出版发行　华东师范大学出版社
社　　址　上海市中山北路 3663 号　邮编　200062
网　　址　www.ecnupress.com.cn
电　　话　021-60821666　行政传真　021-62572105
客服电话　021-62865537
门市(邮购)电话　021-62869887
地　　址　上海市中山北路 3663 号华东师范大学校内先锋路口
网　　店　http://hdsdcbs.tmall.com

印 刷 者　上海盛隆印务有限公司
开　　本　787×1092　1/32
印　　张　9.75
字　　数　150 千字
版　　次　2023 年 4 月第 1 版
印　　次　2023 年 4 月第 1 次印刷
书　　号　ISBN 978-7-5760-3726-5
定　　价　68.00 元

出 版 人　王　焰